编委会

主　任　徐继春

副主任　李晓东

秘书长　郝万新

委　员　徐继春　　李晓东　　郝万新　　齐向阳

　　　　高金文　　武海滨　　刘玉梅　　赵连俊

秘　书　李　想

高职高专项目导向系列教材

油 品 计 量

潘长满　　王舒扬　　主编
高金文　　主审

化学工业出版社

·北京·

根据油品计量工实际工作的需要，按照能力递进方式设计，全书共分为 8 个情境 14 个实施任务，主要内容包括：油罐和铁路油罐车的操作维护和计量衡器的操作维护；油罐选择检尺、测温盒取样方法和准确读取计量中的数据，并按规定记录数据；使用立式油罐、卧式油罐、球形罐、铁路油罐车和汽车油罐车的容积表，查表并进行计算的演练；测定油品的含水量、沉淀物和测定油品的密度和温度；计算立式油罐、卧式油罐的油量和计算流量计的流量；流量计系统的测压、测温和取样作业的实施和能力训练；操作维护流量计和操作维护流量计附属设备和使用、维护加油机；操作维护流量计及流量计附属设备；操作维护阀门和工艺流程的切换。

本书中的情境和任务的实施要配合实训装置和模拟软件来进行任务的实施演练，用项目化教学的方法对学生进行实际操作能力的锻炼。

本书可作为高职高专油气储运技术类专业的专业基础课教材，也可作为相关专业学生的参考用书。

图书在版编目（CIP）数据

油品计量/潘长满，王舒扬主编. —北京：化学工业
出版社，2012.8（2025.8重印）
高职高专项目导向系列教材
ISBN 978-7-122-14776-9

Ⅰ.①油…　Ⅱ.①潘…②王…　Ⅲ.①石油产品-计量-
高等职业教育-教材　Ⅳ.①TE626

中国版本图书馆 CIP 数据核字（2012）第 147998 号

责任编辑：张双进　窦　臻　　　　　　　　　　文字编辑：糜家铃
责任校对：陈　静　　　　　　　　　　　　　　装帧设计：刘丽华

出版发行：化学工业出版社（北京市东城区青年湖南街 13 号　邮政编码 100011）
印　　装：北京科印技术咨询服务有限公司数码印刷分部
787mm×1092mm　1/16　印张 8　字数 189 千字　2025 年 8 月北京第 1 版第 5 次印刷

购书咨询：010-64518888　　　　　　　售后服务：010-64518899
网　　址：http://www.cip.com.cn
凡购买本书，如有缺损质量问题，本社销售中心负责调换。

定　　价：24.00 元　　　　　　　　　　　　　　　　版权所有　违者必究

序

辽宁石化职业技术学院是于 2002 年经辽宁省政府审批，辽宁省教育厅与中国石油锦州石化公司联合创办的与石化产业紧密对接的独立高职院校，2010 年被确定为首批"国家骨干高职立项建设学校"。多年来，学院深入探索教育教学改革，不断创新人才培养模式。

2007 年，以于雷教授《高等职业教育工学结合人才培养模式理论与实践》报告为引领，学院正式启动工学结合教学改革，评选出 10 名工学结合教学改革能手，奠定了项目化教材建设的人才基础。

2008 年，制定 7 个专业工学结合人才培养方案，确立 21 门工学结合改革课程，建设 13 门特色校本教材，完成了项目化教材建设的初步探索。

2009 年，伴随辽宁省示范校建设，依托校企合作体制机制优势，多元化投资建成特色产学研实训基地，提供了项目化教材内容实施的环境保障。

2010 年，以戴士弘教授《高职课程的能力本位项目化改造》报告为切入点，广大教师进一步解放思想、更新观念，全面进行项目化课程改造，确立了项目化教材建设的指导理念。

2011 年，围绕国家骨干校建设，学院聘请李学锋教授对教师系统培训"基于工作过程系统化的高职课程开发理论"，校企专家共同构建工学结合课程体系，骨干校各重点建设专业分别形成了符合各自实际、突出各自特色的人才培养模式，并全面开展专业核心课程和带动课程的项目导向教材建设工作。

学院整体规划建设的"项目导向系列教材"包括骨干校 5 个重点建设专业（石油化工生产技术、炼油技术、化工设备维修技术、生产过程自动化技术、工业分析与检验）的专业标准与课程标准，以及 52 门课程的项目导向教材。该系列教材体现了当前高等职业教育先进的教育理念，具体体现在以下几点：

在整体设计上，摈弃了学科本位的学术理论中心设计，采用了社会本位的岗位工作任务流程中心设计，保证了教材的职业性；

在内容编排上，以对行业、企业、岗位的调研为基础，以对职业岗位群的责任、任务、工作流程分析为依据，以实际操作的工作任务为载体组织内容，增加了社会需要的新工艺、新技术、新规范、新理念，保证了教材的实用性；

在教学实施上，以学生的能力发展为本位，以实训条件和网络课程资源为手段，融教、学、做为一体，实现了基础理论、职业素质、操作能力同步，保证了教材的有效性；

在课堂评价上，着重过程性评价，弱化终结性评价，把评价作为提升再学习效能的反馈工具，保证了教材的科学性。

目前，该系列校本教材经过校内应用已收到了满意的教学效果，并已应用到企业员工培训工作中，受到了企业工程技术人员的高度评价，希望能够正式出版。根据他们的建议及实际使用效果，学院组织任课教师、企业专家和出版社编辑，对教材内容和形式再次进行了论证、修改和完善，予以整体立项出版，既是对我院几年来教育教学改革成果的一次总结，也希望能够对兄弟院校的教学改革和行业企业的员工培训有所助益。

感谢长期以来关心和支持我院教育教学改革的各位专家与同仁，感谢全体教职员工的辛勤工作，感谢化学工业出版社的大力支持。欢迎大家对我们的教学改革和本次出版的系列教材提出宝贵意见，以便持续改进。

辽宁石化职业技术学院　院长

2012 年春于锦州

前　言

　　本书是在国家骨干校建设的契机下，在以提升高职人才专业能力为主要目标，提升高职人才知识和整体素质的背景下编写的一套适合高职人才教育的一本教学用书。

　　本书在编写过程中，根据行业、企业发展需要和完成职业岗位实际工作任务所需要的知识、能力、素质的要求选取教材内容，主要锻炼学生的实际操作能力。通过对企业和相关行业的调研，依据油气储运技术专业人才培养的要求，将"教、学、做"融为一体，把油品计量工常用的技能进行提炼和整合，淡化理论知识，主要培养学生的动手能力，具有较强的针对性和实用性。

　　本书共分8个情境14个任务，内容包括操作、维护和保养石油静态计量器具；油罐检尺、测温和取样作业；容器容积表的使用；测定油品的含水量和沉淀物；计算油量；流量计系统的测压、测温和取样作业；操作维护流量计及流量计附属设备；切换工艺流程。

　　本书包含石油产品动态计量和静态计量的基本操作和理论知识，介绍油品计量所使用的工具和设备的使用和维护方法，及计量数据处理。

　　本书可以作为高职高专油气储运技术类专业的专业基础课教材。

　　本书是以国家的计量法律法规为基础，参照中石油、中石化油品计量工的操作规程，油品计量工考证所需的知识和能力以及其他有关油品计量的书籍而编写的具有实用特色的一本教材。

　　本书在编写过程中，受到锦州石化公司油品计量处白守才以及油品车间王舒扬、辽宁石化职业技术学院的高金文、刘淑娟、于月明等各位老师的大力支持，在此表示感谢。

　　由于编者的水平有限，难免存在不妥之处，敬请使用本书的教师和同学们批评指正。

编者

2012 年 4 月

目 录

◆ **学习情境一　操作、维护和保养石油静态计量器具**　　1

　　任务一　油罐和铁路油罐车操作和维护 ················· 1
　　任务二　操作维护保养计量衡器 ····················· 9

◆ **学习情境二　油罐检尺、测温和取样作业**　　15

　　任务一　针对油罐选择检尺、测温和取样方法 ············· 15
　　任务二　准确读取计量中的数据，并按规定记录数据 ········· 27

◆ **学习情境三　容器容积表的使用**　　36

　　任务　使用油罐、卧式金属油罐、球形罐、铁路油罐车、汽车油罐车的容积表 ··· 36

◆ **学习情境四　测定油品的含水量和沉淀物**　　44

　　任务一　测定油品的含水量和沉淀物 ·················· 44
　　任务二　测定油品的密度和温度 ····················· 51

◆ **学习情境五　计算油量**　　56

　　任务　计算立式、卧式油罐油量，计算流量计的流量 ········· 56

◆ **学习情境六　流量计系统的测压、测温和取样作业**　　64

　　任务　对流量计系统进行测压、测温和取样作业 ··········· 64

◆ **学习情境七　操作维护流量计及流量计附属设备**　　70

　　任务一　操作维护流量计 ························· 70
　　任务二　操作维护流量计附属设备 ··················· 86
　　任务三　使用、维护加油机 ······················· 93

◆ **学习情境八　切换工艺流程**　　105

　　任务一　操作维护阀门 ·························· 105
　　任务二　工艺流程的切换 ························· 111

◆ **参考文献**　　118

目录

学习情景一 ……………………………………………………………………………… 1
  任务一 …………………………………………………………………………………………
  任务二 …………………………………………………………………………………………

学习情景二 …………………………………………………………………………… 18
  任务一 ………………………………………………………………………………………… 18
  任务二 ………………………………………………………………………………………… 27

学习情景三 …………………………………………………………………………… 30
  任务一 ………………………………………………………………………………………… 30

学习情景四 …………………………………………………………………………… 44
  任务一 ………………………………………………………………………………………… 44
  任务二 ………………………………………………………………………………………… 51

学习情景五 …………………………………………………………………………… 56
  任务一 ………………………………………………………………………………………… 56

学习情景六 …………………………………………………………………………… 64
  任务一 ………………………………………………………………………………………… 64

学习情景七 …………………………………………………………………………… 70
  任务一 ………………………………………………………………………………………… 70
  任务二 ………………………………………………………………………………………… 84
  任务三 ………………………………………………………………………………………… 92

学习情景八 ………………………………………………………………………… 106
  任务一 ……………………………………………………………………………………… 106
  任务二 ……………………………………………………………………………………… 111

参考文献 …………………………………………………………………………… 118

❖ 学习情境一

操作、维护和保养石油静态计量器具

【情境描述】

为了确保计量器具的准确性，延长其使用寿命并使其安全运行，应能正确地操作和使用静态计量器具，按周期及时地进行检定和维护保养。

任务一 油罐和铁路油罐车操作和维护

【教学任务书】

情境名称	操作、维护和保养石油静态计量器具		
任务名称	油罐和铁路油罐车操作和维护		
任务描述	认识拱顶油罐及其附件的结构；认识浮顶油罐及其附件的结构；认识铁路油罐车的结构；对拱顶油罐、浮顶油罐和铁路油罐车进行维护保养		
任务载体	拱顶油罐及其附件；浮顶油罐及其附件；铁路油罐车及其附件		
学习目标	能力目标	知识目标	素质目标
	1. 能根据实际情况操作和维护保养油罐及附件 2. 能操作维护铁路油罐车及附件 3. 能处理油罐常见故障 4. 能处理铁路油罐车常见故障	1. 认识拱顶油罐结构及其附件 2. 认识浮顶油罐的结构及其附件 3. 认识铁路油罐车结构及其附件	1. 能团结协作,体现团队意识 2. 培养学生的安全意识 3. 培养学生敬业爱岗、严格遵守操作规程的职业道德素质
对学生要求	1. 明确任务 2. 搜集油罐和铁路油罐车结构和操作维护的相关资料 3. 熟悉油罐的结构 4. 熟悉铁路油罐车的结构 5. 制定出任务实施的方案		

【任务实施】

一、油罐维护保养操作步骤

1. 检查罐底、罐顶及罐壁（清罐时）腐蚀情况

要点：当油罐基础不均匀下沉超过油罐直径 1% 时，不得继续储油，应采取有效措施，底板结构见图 1-1。罐顶腐蚀测量应固定测量 4 个点，每点方位相隔 90°，径向距离均距罐顶中心 1/4 半径，罐顶结构见图 1-2。罐壁出现小的孔洞，细微裂纹时，应用补漏剂修补，见

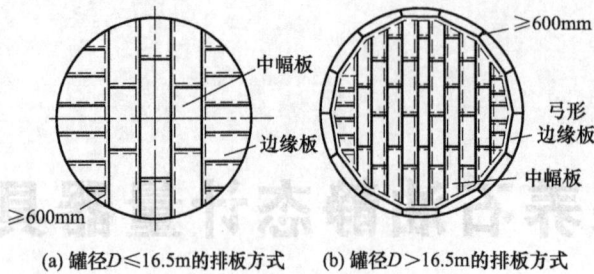

(a) 罐径 D≤16.5m 的排板方式   (b) 罐径 D>16.5m 的排板方式

图 1-1　油罐底板

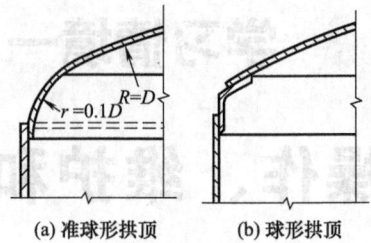

(a) 准球形拱顶   (b) 球形拱顶

图 1-2　油罐罐顶结构

图 1-3。

2. 检查保温层外层腐蚀破损情况

要点：油罐外壁保温层脱落或损坏 1/3 以上时，应及时修复。出现小的孔洞，细微裂纹，在不影响结构强度或伸缩性小的部位，可使用补漏剂修补。检查单盘立柱、浮船立柱和定位销直径方向腐蚀不大于 4mm（见图 1-4）。

图 1-3　油罐底板修复剂

图 1-4　带保温层的油罐

3. 检查机械呼吸阀、液压式安全阀和防火帽

要点：机械呼吸阀和液压式安全阀状态良好，可以按照油罐设计要求进行动作。机械呼吸阀的阀座与阀盘接触面光洁，阀盘在导杆上移动灵活。防护网完好无杂塞，密封垫片完整，不渗漏，不硬化。检查阀门是否有污物阻碍阀门的动作，冬季检查阀门是否被冻结。液压安全阀要求放掉液封油，清洁液封槽，更换新油，应选用沸点高、凝固点低、流动性好、不易挥发的油品作为液封油。通常采用变压器油或轻柴油。加油时应开启量油孔盖，使罐内外压力平衡，使液封油加注到规定高度。防火帽要求防火网或波形散热片保持干净、完整，密封垫片不渗漏，不硬化。防火呼吸阀见图 1-5，液压呼吸阀见图 1-6。

图 1-5　防火呼吸阀

图 1-6　液压呼吸阀

4. 检查浮顶罐密封板、橡胶板与罐壁是否贴合紧密

要点：若结合不紧密进行调整，若有缺损进行修补，见图 1-7。

5. 检查浮顶罐的单向阀

检查浮顶罐集水坑内的单向阀是否动作灵活，不能反向输液。

6. 检查浮顶罐漏水孔及防护网

检查浮顶罐集水坑周围的漏水孔及紧急排水管的防护网。

7. 检查油罐避雷设施

检查油罐避雷设施、接地线是否良好、接地线连接是否牢固。

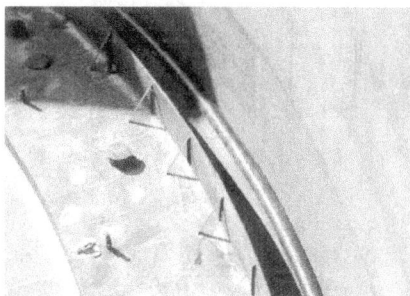

图1-7　浮顶罐密封装置

要点：接地线检查情况见图1-8，接地电阻不大于10Ω，见图1-9。

图1-8　检查油罐接地

图1-9　油罐接地电阻测试

8. 人孔、透光孔及单盘顶人孔

要点：要求孔盖与孔座之间的密封性能好，不渗漏，密封垫片不硬化。连接螺栓无严重锈蚀。底部人孔盖和顶部人孔盖见图1-10和图1-11。

图1-10　底部人孔盖

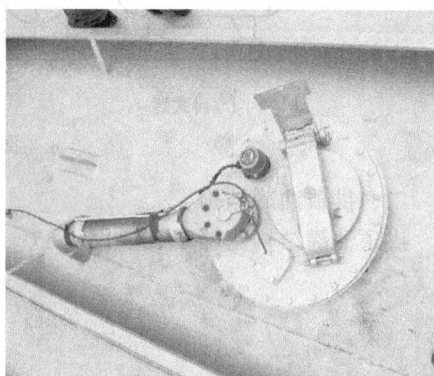

图1-11　顶部人孔盖

9. 罐顶栏杆、梯子及其栏杆

要点：要求完整、牢固，见图1-12，浮梯移动灵活无卡阻。装置良好，轨道无明显变形和严重磨损，见图1-13。

二、铁路油罐车装油的维护保养操作步骤

① 接车入库，调车到指定货位，清点车数、登记车号。

② 检查油罐车内部清洁情况，填写检查登记。

③ 确认中心阀、侧阀关闭良好，拧紧阀盖。

图 1-12　上罐扶梯

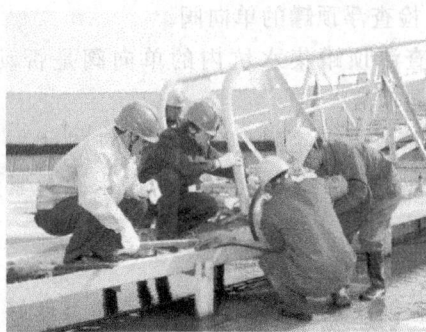

图 1-13　浮梯检查维护

④ 擦净油罐车盖子周围污物，使用特制扳手打开罐车盖子，装好鹤管进行装车。装到车口、颈部的下面，留出一定的空间，以备气温变化和油膨胀。

⑤ 装车计量后在罐盖上加垫片，关好罐体上盖，拧紧螺栓。装完油品后立即加盖密封（除原油、重油外应实施铅封）。

⑥ 填写本岗位的各种作业和设备运行记录。

⑦ 擦拭保养设备，清扫现场，整理工具，撤收消防器材。

【必备知识】

一、储罐类型

储罐类型见图 1-14。

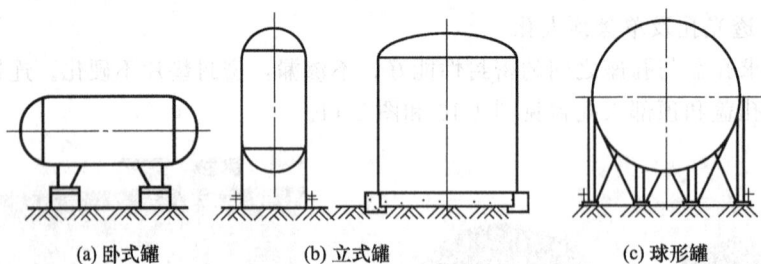

(a) 卧式罐　　　　(b) 立式罐　　　　(c) 球形罐

图 1-14　储罐类型

二、拱顶油罐结构

拱顶油罐结构见图 1-15～图 1-17。

图 1-15　球形拱顶油罐

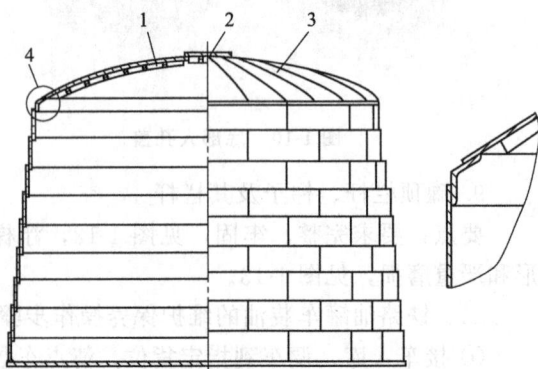

图 1-16　球形拱顶罐结构

1—加强筋；2—罐顶中心板；3—扇形顶板；4—角钢环

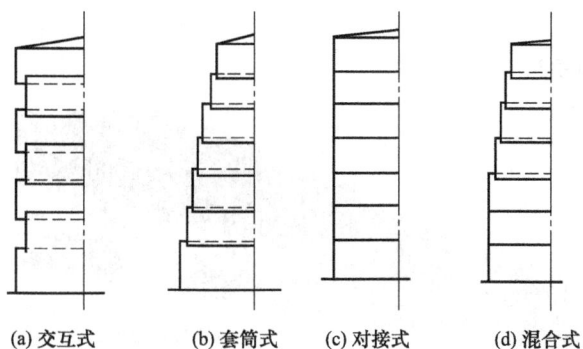

(a) 交互式　　(b) 套筒式　　(c) 对接式　　(d) 混合式

图 1-17　油罐壁板连接结构

三、浮顶油罐结构

浮顶油罐结构见图 1-18～图 1-21。

图 1-18　外浮顶油罐

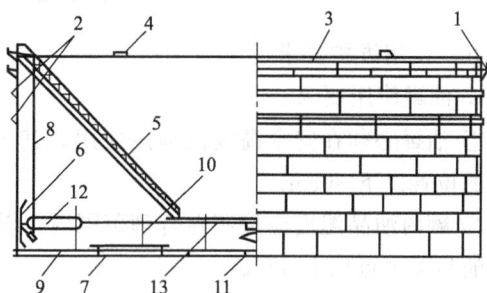

图 1-19　外浮顶油罐结构

1—抗风圈；2—加强圈；3—包边角钢；4—泡沫消防挡板；
5—转动扶梯；6—密封；7—加热器；8—量油管；9—底板；
10—浮顶立柱；11—排水折管；12—浮船；13—单盘板

图 1-20　内浮顶油罐

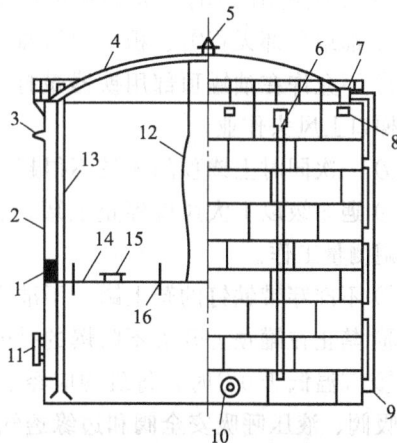

图 1-21　内浮顶油罐结构

1—密封装置；2—罐壁；3—高液位报警装置；4—固定
罐顶；5—罐顶通气孔；6—泡沫消防装置；
7—罐顶人孔；8—罐壁通气孔；9—液面计；
10—罐壁人孔；11—带芯人孔；12—静电
导出线；13—量油管；14—浮盘；
15—浮盘人孔；16—浮盘立柱

四、铁路油罐车

铁路油罐车见图 1-22。

图 1-22　铁路油罐车

五、使用维护要求

1. 油罐使用要求

① 油罐必须在安全高度范围内使用，其中对于拱顶油罐的安全高度为泡沫发生器进入罐口的位置以下 30cm。

② 罐内油品温度应控制在合理范围内，对于金属油罐一般不高于 75℃，最低温度不低于底油品凝固点以上 3℃。

③ 采用底部蒸汽盘管加热的油罐，送汽时先打开蒸汽出口阀，然后缓慢打开蒸汽进口阀，以防盘管因水击破裂。对于装有油位高于加热盘管的凝油罐，加热前应先采取临时加热措施，从上向下进行加热，待凝油熔化后，再使用蒸汽盘管缓慢加热，以防因底部加热膨胀而使油罐破裂。

④ 长期停用的油罐，应将罐内存油倒空。

⑤ 油罐顶部无积雪、积水和污油，雨、雪后要及时检查。

⑥ 不允许在油罐顶部用铁器敲打。人工量油时要轻开、轻关量油孔盖，应站在测量或取样梯口上风头作业。

⑦ 一次同时上罐顶的人员不得超过 5 人，不准在罐顶跑跳，上下油罐应手扶栏杆。

⑧ 遇 5 级以上大风应停止上罐。若必须上罐，要系安全带。如遇暴雨、雷电时，应停止上罐测量工作。

⑨ 不准穿带铁钉的鞋上罐，不准穿易产生静电的合成纤维衣服上罐。

⑩ 禁止在罐顶上开关不防爆的手电筒。

⑪ 气温低于 0℃时，每班均应经常检查油罐排污口、排水口，防止冻结。每天应检查机械呼吸阀、液压呼吸安全阀和边缘透气阀，并使其处于良好状态。

2. 油罐常见故障及处理方法

（1）油罐溢罐故障原因及处理

事故原因：

① 未及时倒罐；

② 中间站停泵未及时倒通压力越站流程；

③ 未及时掌握来油量的变化；

④ 加热温度过高使罐底积水突沸；

⑤ 液位计失灵。

处理：

① 停止油罐进油，立即倒罐；

② 中间站调整输油量；

③ 停止对该罐加热，降低温度；

④ 检修液位计。

（2）油罐跑油故障原因及处理

事故原因：

① 阀门或管线损坏或冻裂；

② 管件的密封垫损坏。

处理：

① 停止油罐进油，立即倒罐；

② 中间站可采用压力越站流程或提高输量。

（3）油罐抽瘪故障原因及处理

事故原因：

① 油罐呼吸阀、安全阀冻凝或锈死；

② 阻火器堵死；

③ 排油过快。

处理：

① 停止油罐发油，改压力越站或密闭流程，检查油罐呼吸阀、安全阀；

② 停止油罐发油，改压力越站或密闭流程，检查油罐阻火器；

③ 控制油罐排油速度。

（4）油罐鼓包故障原因及处理

事故原因：

① 油罐呼吸阀、安全阀冻凝或锈死；

② 阻火器堵死；

③ 罐内上部存油冻凝下部加热。

处理：

① 停止油罐进油；

② 中间站倒压力越站流程；

③ 从上向下加热凝油。

3. 罐车维护检修要求

① 应定期对运行及备用罐车进行清查，查清技术不良、失修、备而不能用的罐车数量；以及缺少配件、损坏严重、修复较困难的罐车。

② 对失修严重的罐车，采取措施尽快修复；对正在运行的罐车，要加强检修，凡是定检到期或过期以及缺少配件的罐车要立即检修。

③ 罐车必须按规定检查、恢复和配齐零配件，经检验合格后方准交车。对大量装卸油品的集中罐车多的车站或专用线，要重点加强整备工作。做好罐车上部盖、垫、紧固件、侧

阀的配件修复，并配备必要的检修人员和配有足够的配件；对损坏或丢失配件的罐车及时修复，投入运用。

【考核评价】

考核项目及评分标准

项目	考核内容及要求	评分标准	配分	得分
准备	穿工作服，戴好劳动保护用品，文明操作，遵守秩序，保证操作安全	未按规定正确穿戴劳动保护用品扣5分，不文明操作扣5分	10	
操作过程	检查罐、加热器进出口阀是否完好，排污阀、各孔门及连接处有无泄漏，呼吸阀、透气阀是否灵活好用，液压呼吸安全阀油位情况	检查每漏一项扣2分，检查不仔细、影响收发油扣10分，造成事故不得分	15	
	浮顶罐的导向装置是否牢固，密封装置是否严密完好，浮梯是否在轨道上，检查孔是否完好不泄漏	检查不细、漏项扣2分，影响收发油正常工作扣10分，造成事故不得分	15	
	进油前先打开蒸汽加热盘的出口阀，然后缓慢打开出口阀	开阀顺序搞错不得分，操作不当扣5分	10	
	将油罐进口阀打开，浮顶罐应检查浮船移动情况，拱顶罐应检查呼吸阀及安全阀	凝油罐进油前应先加热，反之扣11分，浮顶罐有凝油挂壁扣11分，各部位检查不细扣3分	20	
	控制进油速度和进油高度，保证安全运行	不清楚拱顶罐和浮顶罐的低液位、高液位极限，缺一项扣5分，拱顶罐内液位高于出口管线上边缘300mm为最低液位。浮顶罐内液位高于起伏高度200mm为最低液位。拱顶罐的安全高度为泡沫发生器进罐口最低位置以下300mm。浮顶罐的安全高度为浮船导向装置轨道上限以下300mm	20	
团队协作	团队的合作紧密，配合流畅，个人操作能力较好	团队合作不紧密扣5分，个人操作能力差扣5分	10	
考核结果				
组长签字				
实训教师签字并评价				

【习　题】

1. 立式金属油罐的结构为哪几部分？按顶形结构分为哪两大类？有哪些作用？
2. 铁路油罐车由哪些部分组成？
3. 油罐的操作保养都有哪些步骤？
4. 铁路油罐车的操作都有哪些步骤？

任务二 操作维护保养计量衡器

【教学任务书】

情境名称	操作、维护和保养石油静态计量器具		
任务名称	操作维护保养计量衡器		
任务描述	机械秤、自动轨道衡在大型的计量过程中经常使用石油静态计量器具，在使用过程中要进行正确的操作和维护		
任务载体	机械秤、自动轨道衡		
学习目标	能 力 目 标	知 识 目 标	素 质 目 标
	1. 能根据实际情况操作和维护保养机械秤 2. 能操作维护电子轨道衡	1. 认识机械秤的结构原理 2. 认识电子轨道衡的结构原理	1. 能团结协作，体现团队意识 2. 培养学生的安全意识 3. 培养学生敬业爱岗、严格遵守操作规程的职业道德素质
对学生要求	1. 明确任务 2. 搜集计量衡器的相关资料 3. 对计量衡器进行维护和保养 4. 制定出任务实施的方案		

【任务实施】

一、自动轨道衡

自动轨道衡（见图 1-23）操作程序如下。

① 开机前检查电源电压是否正常。

② 在过衡前 30min 开机，使系统处于良好的工作状态。

③ 开机顺序（见图 1-24）。

图 1-23 自动轨道衡

图 1-24 轨道衡操作台

a. 打开操作台后面的电源钥匙开关。

b. 打开操作台的电源开关。

c. 打开计算机主机开关。

d. 打开显示器开关。

e. 装入磁盘。

f. 打开供桥电源箱开关。

g. 打开打印机开关。

④ 关机顺序。

a. 关闭打印机开关。

b. 关闭供桥电源箱开关。

c. 关闭显示器开关。

d. 关闭计算机主机开关。

e. 关闭操作台电源开关。

f. 取出磁盘。

二、维护保养方法

1. 机械秤的维护保养

① 用于交接计量的秤必须经过有关计量检定部门检定合格，取得合格证书后方可投入使用。

② 计量用秤必须有专人看管和操作。

③ 保持秤体、秤房、基坑的清洁和干燥。

④ 不要在刀子和刀乘上涂黄油。

⑤ 增砝、游砝必须放置在指定的地方，绝不允许用它们敲砸其他物品，不允许擅自在它们的调整腔内增减质量。

⑥ 台秤移动时轻拿轻放，且移动时秤面上不得放其他重物。

⑦ 使用时秤应该放在坚固、水平的地方，四脚必须同时着地。

⑧ 使用前要先调平衡砝，使空秤平衡并观察计量杠杆或指针摆动是否正常。若出现跳动或异常摆动，应认真进行检查调修，待故障排除后方可使用。

⑨ 连续多次称量后，要重新调整空秤平衡。在称量过程中不得调整平衡砝。

⑩ 正确选择称量器具。被称物品的质量不得超过器具的最大称量。台秤的最佳称量范围为其最大称量的30%～80%。

⑪ 称量时物品应放置在秤面的中央，不能靠在立柱上或触及地面，要轻拿轻放，不能重砸或拖拉。

⑫ 各种秤都要避免日晒雨淋。有大风或雨雪的影响时，应暂停使用。

⑬ 称量腐蚀性物品后，应立即清扫。

⑭ 不使用时，秤应处于关闭状态。

⑮ 秤上的零部件不得随意更换或加减。发现秤有故障时应请专业人员修理。

⑯ 按规定时间及时送计量检定机关检定。

2. 自动轨道衡（电子轨道衡）的调整、维护、保养及正确使用

(1) 调整与维护

① 对于安装好的自动轨道衡在投运前的检定时，应使用高精度（0.02%）的电子电位差计或电压信号源和高精度的数字电压表，分别对模拟通道的输入灵敏度和电桥电源电压进行测量，并将这两个数据认真记录保存。当二次仪表发生故障维护后，只要将电桥电源电压和模拟通道灵敏度校准到检定记录数据，就能保证原来的精确度。

② 称重传感器切换或维修后，一定要重新标定，以保证与原准确度和灵敏度相吻合，然后再用静态标定的方法使维修前后的称重相符。

③ 标定时首先利用加偏载的方法调整四个称重传感器的平衡，通过改变补偿电阻，使

同一载荷在台面四角偏载时示值误差不大于 0.05％。然后将相当于满载荷 2/3 的已知标准质量置于台面的中央位置，调整称重校准用电位器，使示值与实际值尽可能一致。此过程须反复进行 10 次，并记下每次示值。

称重校准完成后，再将测试开关拨到校挡，使 CRT 显示电桥电压。若出现漂移须调回到预定值。然后将开关拨回到称重位置，至此完成整个校准工作，自动轨道衡可以投入使用。

④ 计算机和打印机的故障应按说明书规定请有关技术人员进行检修。

⑤ 对秤体部分各连接件、螺母、螺栓及限位装置要经常进行检查。过渡器动作是否灵活，有无卡死现象，过渡曲线是否正常，均属定期检定之列。

⑥ 为保证二次仪表的计算机的可靠工作，控制操作室应注意密闭、防尘；最好保持操作间恒温。

⑦ 当台面自重示值发生变化时，首先检查供桥电源电压。如果计算机自检桥路电源有变化，应用仪表再次检测桥路电压，以便正确判别故障原因。若自检正常，则故障多出在机械台秤或称重传感器上。

⑧ 传感器的检查可以单个进行，即在通道上仅连一个传感器，然后观察零点示值和加载示值的变化，即可方便地发现出问题的传感器。

（2）使用注意事项

① 自动轨道衡安装完成后，必须经计量检定部门检定合格并取得合格证书后方可投入使用。

② 使用前，应注意检查秤台是否灵活，各配套仪表连接是否正确，插接件是否牢固，电源电压是否符合规定等。

③ 使用前，称量显示控制仪表。与称重传感器应有不少于 30min 的预热时间，带恒温装置的传感器应保证长期通电。

④ 计量列车与装载物的总质量不得超过自动轨道衡的最大称量值。

⑤ 计量列车通过台秤平台时必须按照规定的速度匀速行驶，一般不得在平台上加速或制动。

⑥ 每次计量列车通过后，应及时检查称重显示控制仪表回零情况，确认称重数据，打印结果。

⑦ 一旦发现轨道衡异常或计量失准，立即停止使用，切断电源，及时通知检修人员检查修理。

⑧ 带有自检自校系统的自动轨道衡，每天均应进行一次自检自校工作，以减少误差，保证称量精度。

⑨ 自动轨道衡使用完毕后，应将开关拨至关闭位置，并切断电源。

⑩ 在称房内应配备安全消防设施。

（3）保养注意事项

① 自动轨道衡是一种大型专用计量设备，应配备专职司秤员，并经培训考核取证后方可上岗操作。

② 操作时应严格按照规程进行，不得随意打开仪表或断开接线，以免影响计量精度或损坏零部件。

③ 必须经常清扫秤台和裸露部件的灰尘杂物；秤台四周与基坑之间不得有异物，保持秤台动作灵活。

④ 经常检查并紧固秤体与引道轨各连接零部件，防止松动。尤其是应经常检查和调整过渡器与引道轨，保证其相接部分能平稳过渡，并不会出现靠擦现象。

⑤ 经常保持秤台的高度与水平，控制秤台的水平称量，保证台面不得有过大的下沉。

⑥ 保持限位装置的清洁润滑，定期进行检查和调整，保证其处于正常位置和良好的工作状态，既控制秤台水平位移量又不影响称量的灵敏度与准确度。

⑦ 基坑内应常年保持清洁和干燥，不得有污泥及杂物。

【必备知识】

一、衡器的分类

衡器的分类都是依据衡器的某一特征而进行的。依据的特征不同，分类的方法也不同。按结构原理可分为三类。即：

① 机械秤，包括杠杆秤、弹簧秤等；

② 电子秤，包括电子计价秤、电子吊秤、电子汽车衡、电子轨道衡、电子皮带秤等；

③ 机电秤，包括机电两用秤、光栅秤等。

按用途分类，可分成商用秤、工业秤。按操作方式分类，可分为自动秤和非自动秤。

二、称量原理

在衡器上被称物体的重力与已知质量的标准砝码的重力进行比较的过程称为称量。称量的原理一般可分为四种：杠杆原理、传感原理、弹性元件变形原理及液压原理。

1. 杠杆原理

杆是一种在外力作用下，绕固定轴转动的机械装置。平衡时，作用在杠杆上的所有外力矩之和为零。秤就是根据该原理制成的计量器具。

2. 传感原理

以电阻应变式称重传感器为例，它由电阻应变计、弹性体和某些附件组成。当被称量物体或标准砝码在质量作用的传感器上时，弹性体产生形变，应变计的电阻就发生变化，并通过电轿产生一定的输出信号，从而可以进行比较和衡量。这种用称重传感器制成的质量比较仪，其计量不确定度（σ）已达（$2\sim5$）$\times10^{-7}$，而且操作方便，具有很多优于常规的功能。

3. 弹性元件变形原理

在重力作用下，有可能将弹簧拉长变形。按照弹簧变形的大小，就可以判定出作用力、重力的大小。各种扭力天平和弹簧秤都是根据这个原理制造的。

4. 液压原理

根据帕斯卡原理，加在容器液体上的压强，能够按照原来的大小由液体向各个方向传递。液压秤就是根据这一原理制成的。

三、台秤原理和构成

在机械杠杆式衡器中使用最多的是台秤。台秤是一种不等臂杠杆秤，用来衡量较重的物体。可根据需要，移动使用地点，通常把台秤和案秤统称为移动式杠杆秤。台秤使用范围非常广泛，工业、农业、商业、交通和国防科研等部门都要用到台秤。台秤分为增砣游砣式台秤和字盘式台秤两大类，其中前者使用最为广泛。

台秤是一种不等臂秤。它由杠杆系统、承重装置、读数装置、支撑机构四部分组成（见图 1-25）。

台秤的杠杆是由第一类杠杆和第二类杠杆组成，其工作原理是力的传递。它有一个长杠杆和一个短杠杆，短杠杆是通过一个连接环连接起来的。杠杆又通过一个连杠与横梁连接起来，这样就组成一个杠杆结构。力的传递原理是：当台板有重物时，被称物体的重量，通过杠杆臂传递到横梁重点刀上，重物重量与增砣重量使横梁平衡，由已知增砣重量可测量物体质量。

增砣是砝码的一种，相当于五等砝码，是杠杆秤的重要组成部分，它起着扩散称量的作用。其质量的正确与否直接影响到计量准确性。增砣的自身误差在称量过程中，扩大了相当于总传力比 M 的倍数而加到系统误差中去，因此增砣的准确性直接影响秤的正确性。

图 1-25　增砣游砣式台秤

图 1-26　电子式台秤

四、电子衡器

凡是利用力-电变换原理，将被衡量物体的重力所引起的某种机械位移转化为电信号，并以此来确定该物质质量的衡量仪器，统称为电子衡器。

电子衡器可归纳为两大类型，一类是在机械杠杆的基础上，增加一套位移-数字转换和电子测量装置，使物体的质量直接由数字显示出来，常被采用的转换装置有光栅、码盘、电磁平衡的力矩器或同步器等，这种衡器被称为机电式电子衡器（见图 1-26）；另一类电子衡器是通过某种传感器，把重力直接转换为与被测重物成正比的电量，再由电子测量装置测出电量大小，然后通过力-电之间的对应关系显示出被称量物体的质量，称为传感式电子衡器。而传感式电子衡器又分为两种：一种是全感式的称重系统，它是有一个或几个传感器直接支撑被称量物体的一种称量系统；另一种是通过杠杆把被称量物体的重力传递给传感器，实际上是杠杆和传感器并用的一种称量系统。

电子衡器与机械衡器相比，称量方便，称量值转化为电信号后可以远距离传输，便于集中控制和实现生产过程自动化控制。特别是传感式电子秤，它反应速度快，可提高称量效率。传感式电子秤结构简单、体积小、重量轻，因而受安装地点限制小。传感器可做成密封型的，从而有良好的防潮、防腐蚀性能，能在机械式杠杆和机电式电子秤无法工作的恶劣环境下工作。传感式电子秤没有杠杆、刀和刀承，具有机械磨损小、寿命长、稳定性好等优点，减轻了维护与保养等方面的工作。

【考核评价】

考核项目及评分标准

项目	考核内容及要求	评分标准	配分	得分
准备	穿工作服,戴好劳动保护用品,文明操作,遵守秩序,保证操作安全	未按规定正确穿戴劳动保护用品扣5分,不文明操作扣5分	10	
操作过程	自动轨道衡开机前检查电源电压,提前30min开机,检查系统工作状态	未检查电源扣5分,未提前30min开机扣5分,未检查系统工作状态扣10分	15	
	按照正确的开机顺序开机	开机顺序不正确或造成机械损坏不得分	15	
	用轨道衡称量铁路罐车	称量操作不正确不得分	10	
	正确记录数据	数据记录操作不正确不得分	10	
	按照正确的顺序关机	关机操作错误不得分	10	
	自动轨道衡开机前检查电源电压,提前30min开机,检查系统工作状态	未检查电源扣5分,未提前30min开机扣5分,未检查系统工作状态扣10分	20	
团队协作	团队的合作紧密,配合流畅,个人操作能力较好	团队合作不紧密扣5分,个人操作能力差扣5分	10	
考核结果				
组长签字				
实训教师签字并评价				

【习　题】

1. 台秤在使用和维护中要注意哪些事项?
2. 自动轨道衡使用时的注意事项都有哪些?

油罐检尺、测温和取样作业

【情境描述】

在油品计量中，油罐的检尺、测温和取样作业是经常操作的一项工作，要求能使用测温仪表、检尺工具、取样工具，对不同油品、不同油罐选择检尺、测温、取样方法。

任务一　针对油罐选择检尺、测温和取样方法

【教学任务书】

情境名称	油罐检尺、测温和取样作业		
任务名称	针对油罐选择检尺、测温和取样方法		
任务描述	能使用油罐检尺、测温仪表、取样用的工具；能针对不同油品、不同油罐选择检尺、测温、取样方法		
任务载体	油罐、铁路油罐车；检尺工具、测温仪表、取样工具		
学习目标	能 力 目 标	知 识 目 标	素 质 目 标
	1. 能使用测温仪表、油罐检尺、取样工具 2. 能针对不同油品、不同油罐选择检尺、测温、取样方法	1. 石油产品的特性及理化指标 2. 误差产生的原因及消除方法 3. 认识测温、检尺和取样工具	1. 能团结协作，体现团队意识 2. 培养安全意识 3. 培养学生在油品计量过程中的环保意识、经济意识
对学生要求	1. 明确任务 2. 熟悉测温、检尺和取样工具的使用和维护 3. 了解石油产品的特性及理化指标 4. 认识误差产生的原因及消除误差的方法 5. 正确使用工具对油罐进行测温、取样和检尺 6. 对任务的实施制定出方案		

【任务实施】

一、油罐检尺

① 上罐时必须先放静电。

② 上到罐顶挂好安全带。

③ 打开油罐计量孔盖。

要点：戴好防毒面具，应站在上风口。

④ 取出量油尺，缓慢下尺进行检测。

要点：选用检定合格、合适的量油尺。量油尺应与罐壁接触，下尺时要沿着计量孔基准点（有金属导向衬里），缓慢放入，以免尺带飘荡，产生误差。原油检尺采用悬空检尺法，成品油采用实尺检测法，液位检测时应在指定的检尺点下尺，应进行多次检测。

检尺操作时，站在上风头，一手握住尺柄，另一手提尺带，将尺带放入下尺槽内，尺砣不要摆动。在尺砣重力作用下，引尺带下落，待尺带落到液面估计高度时，将估计高度的上下一段尺带擦净，如测量轻质油可涂上试油膏（若罐内有垫水层，则要求在下尺前，将量水尺涂上试水膏）。在尺砣触及液面时，放慢尺砣下降速度，以免液面波动。尺砣进入液面后，距离罐底 20cm 左右时停止下尺，待尺砣稳定后再将手与尺一起慢慢下落，当手感尺砣触及罐后，应迅速提尺读数。对重质油，当尺砣触及罐底后，应待尺带周围液面水平后（一般不少于 5s）再提尺读数。

间接测量即空高测量，主要应用于对原油、重质燃料油、重质润滑油液位高度的测量，即测量液面至上部基准点之间的空间高度（俗称检空高）。空高测量时的投尺操作与直接测量基本相同。不同的是，当尺带进入液面后，停止下尺，用手握住尺带上某一整数的刻度，再慢慢下尺，当该整数的刻度对准计量口上部基准点时，再提尺。

测量罐内水位高度时先将量底水尺（又称量水尺）擦净，在估计罐底水位高度后，在尺棒上薄涂一层试水膏，在量水尺接近罐底时慢慢放下。当手感量水尺接触到罐底后，应保持尺与罐底垂直。停留 5～30s，然后将量水尺提起。

⑤ 按规定读取读数。

要点：读数时应先读小数（mm），再读大数（cm、dm、m）。检测取相邻两次的检测值，相差不大于 2mm，两次测得值相差为 2mm 时，则取两次测得值的算术平均值作为计量罐内液位高度；两次测得值相差为 1mm，则以两次测得值作为计量罐内液位高度。读数时，尺带不应平放或倒放，以防液痕上升。视线应垂直于尺带。空高测量时读的是被油浸没部分高度。测量水位高度时在试水膏变色处读取水液面高度。

⑥ 做好记录。

要点：计算油高时应加量尺修正数。

⑦ 擦净卷好量油尺。

二、油罐测温

① 检查测温装置，装置应符合要求。

要点：测温前应将测温装置与金属罐壁接触，释放静电。提拉测温盒要用不产生火花的材料制成的绳（防静电绳）或链，也可在量油尺下部用量油尺代替提拉绳。

② 将测温装置沿测量口放到规定的液面高度。

要点：油品液面高度 3m 以下，在液面高度中部测一点油温。油品液面高度 3～5m，在油品上液面下 1m，下液面上 1m 处测温，共测两点。油品液面高度 5m 以上时，在油品上液面下 1m，油品高度中部和油品下液面上 1m 处各测温度。如果其中有一点温度与平均温度相差大于 1℃，则必须在上部和中部，中部和下部测温点中各加测一点。

③ 到达规定的浸没时间后，将其提出。

要点：轻质油以及 40℃时运动黏度≤20mm²/s（或称 20cSt）的其他油品，最少浸没时间为 5min。原油、润滑油以及 40℃时运动黏度＞20mm²/s 而 100℃运动黏度＞36mm²/s 的其他油品，最少浸没时间为15min。重质润滑油（汽缸油、齿轮油、残渣油）以及100℃运动黏度≥36mm²/s的其他油品，最少浸没时间为30min。当提起温度计时，快慢要适中，且要稳；提出液面时，要尽可能不使用测温盒内的油液外溢，使温度计的感温泡始终浸没在盒内油液中，以便在读数短暂时间内，保持油液不受外界气温的影响。

④ 迅速读取温度值。

要点：提离出计量口时，迅速读取温度值。读数时视线要垂直温度计先读分度值，再读整数值。

⑤ 记录。擦净测温装置，并准确记录所测数值。求其所测温度的算术平均值。

三、取样

① 检查取样器及设备是否完好。

② 将取样器塞子塞紧，从取样口放入到准确的高度。

要点：采取单个油罐用于检验油品质量的组合样时，应按等比例混合上部样、中间样和出口液面样。采取单个油罐用于计算油品数量的组合样时，应按等比例混合上部样、中部样和下部样。

卧式油罐取样时油罐容积小于60m³或油罐容积大于60m³而油品深度不超过2m时，可在油品深度的1/2处采取一份试样作为代表样。油罐容积大于60m³并且油品深度超过2m时，应在油品体积的1/6、1/2和5/6液面处各采集一份试样，混合后作为代表性试样。

油罐车取样时把取样器降到油罐车内油品深度的1/2处；对于整列装有相同石油或液体石油产品的油罐车，应按取样车数进行随机抽样，但必须包括首车。

油船取样时每舱都要取上部、中部、下部三个试样，并以相等体积掺和成该舱的组合样。对于装载相同石油或液体石油产品的油船应按规定的取样船舱数进行随机取样。

听或桶取样前，将桶口或听口朝上放置。如需测定含水或不溶污染物，应在口朝上位置保持足够长的时间。打开盖子，将湿侧朝上放在盖孔旁边。冲洗取样管：用拇指按住清洁干燥的取样管上端，将管子插进油品中约300mm深，放松拇指使油品进入取样管后，再用拇指按紧取出取样管，使其处于接近水平位置，让油品能接触取样时被浸入油料中的内表面部分，然后排净管内的油料；注意操作中不可用手抚摸浸入油品内的那部分管子。取代表性试样：将经过冲洗的取样管插入油品中，插入的速度要使管内液面与管外液面大致相同，以取得油品全部深度的试样。用拇指按住上端管口，迅速提出管子，并把油品转入试样容器中。取底部样：将经过冲洗的取样管用拇指按紧上端管口，插入油品中，当管子到达底部时，放开拇指待管中充满油料，用拇指按住上端管口，迅速取出管子。按规定的取样桶（听）数进行随机取样。

③ 拉动绳子，打开取样器塞子。

要点：取样时以急速的动作拉动绳子，打开取样器的塞子，待取样器内充满油后，提出取样器。打开塞子后依据液面气泡判断油品是否进入采样器，如无气泡则未打开塞子或采样器密封。塞子不宜盖得太紧，以防下入罐内打不开，也不宜过松，未到所需深度就脱盖。

④ 将所取试样倒入试样瓶中。

⑤ 重复②、③、④步骤，将试样倒入试样瓶中封口，并检查有无泄漏。

⑥ 所取试样量应满足化验分析需要。

【必备知识】

一、原油及其组成

石油是原油及其加工产品的总称。

原油是一种埋藏在地下的天然矿产物，各地所产的原油在性质上有差别。颜色为黑色或深棕色，少数为暗绿、暗褐色的具有特殊气味的流体或半流体。相对密度一般都小于1，是一种多组分的复杂混合物。

原油主要是由83％～87％的碳（C）和11％～14％的氢（H）两种元素构成。碳和氢以不同数量和方式排列，构成不同类型的碳氢化合物。另外还有1％～4％硫、氮和氧等元素。此外，在原油中还有微量的金属元素（铁、镍、钒、铜、铅）、氯、硅、磷等。

二、相关概念

1. 密度

密度是衡量原油（油品）质量的指标之一，根据密度可划分油品的等级，从而确定油品的销售价格。在计算原油（油品）的质量时，必须先测出体积和密度，然后计算其质量。

物体单位体积内所具有的质量，称为密度，以 ρ 表示。

$$\rho = M/V \tag{2-1}$$

式中，M 为物体的质量，kg；V 为物体的体积，m^3；ρ 为物体的密度，kg/m^3。

原油随着温度升高而体积增大，密度减小，但温度不变，压力升高时，原油的密度变化却很小。

2. 黏度

黏度是评价原油（油品）流动性能的指标。在原油（油品）输送过程中，黏度对流量和摩阻损失的影响很大，黏度的大小，直接影响管道输送原油（天然气）时所需的动力，是输油管道和站库设计的重要物性参数之一。

原油（油品）的黏度有三种表示方法：动力黏度、运动黏度、相对黏度。在实际生产较多地使用运动黏度。

原油（油品）的运动黏度是油品动力黏度与密度的比值，即：

$$\nu = \mu/\rho \tag{2-2}$$

式中，ν 为运动黏度，m^2/s；ρ 为物体的密度，kg/m^3；μ 为动力黏度，Pa·s 或 N·s/m^2。

除了上述黏度外，在原油商品规格中还有各种条件黏度，如恩氏黏度、赛氏黏度和雷氏黏度等，它们都是用特定仪器在规定条件下测得的，通称为条件黏度。各种黏度之间的换算，使用时可查有关资料。

3. 热导率

原油（油品）传导热量的能力可用热导率 λ 来表示。λ 表示在单位时间内，当原油（油品）沿热流方向流动，使导热体两侧的温差变化为1℃时，通过单位长度所传导的热量，单位符号是 W/(m·K)。

热导率是进行油品传热计算的重要参数。λ 值随温度和油品的相对密度而变化。目前，如何确定原油和成品油的热导率 λ，国内外尚未有确切的公式，在生产实际应用中，热导率 λ 通过实验而获得。

4. 析蜡点、凝点

原油析蜡点是分析管线结蜡情况，确定原油出站温度和清蜡周期的依据之一。而原油的凝点也是确定原油进出站油温的重要依据之一，当原油的凝点较高时，常取进站油温略高于原油凝点 3～5℃。在特殊情况下，也有取进站油温等于或低于原油凝点，但此时必须做好一切防范措施，防止管线凝管。当原油的凝点较低时，进站油温常取决于经济比较。

不同产地的原油，含蜡量不同，析蜡点也不同，所谓原油的析蜡点是指原油在静止状态下，开始析出固体蜡的温度。

原油的凝点是指在一定条件下，当原油的温度低于析蜡点，蜡晶开始析出，当温度继续降低，析出的蜡晶互相连接，形成网络结构，从而使原油出现凝固现象，丧失流动性时的温度。

5. 闪点

在规定的实验条件下，火焰从油品与空气的混合气上面掠过时，闪出火花并随即熄灭的最低温度，称为该油品的闪点。不同原油（油品）有不同的闪点，一般在 -20～100℃ 之间。

6. 燃点

在规定的试验条件下，当火焰从原油（油品）蒸气与空气的混合气上面掠过时，能发生连续燃烧的最低油品温度，燃点一般比闪点高 5～20℃。

7. 自燃点

在规定的试验条件下，油品蒸气与空气的混合气，在没有明火作用的情况下自行燃烧，发生自燃的最低温度称为自燃点。

8. 爆炸浓度极限

当油品蒸气和空气混合后，可能形成爆炸性混合气体。但只有当油品蒸气在空气中处于一定的浓度范围，并遇火源时，才会发生爆炸。油品蒸气在空气中能引起爆炸的最小浓度，称为爆炸下限，最大浓度称为爆炸上限。上限和下限之间称为爆炸区间。

9. 蒸气压

在一定温度下，液体同其液面上方蒸气呈平衡状态时蒸气所产生的压力称为饱和蒸气压，简称蒸气压。同一温度下蒸气压高的液体比蒸气压低的液体更容易气化。

10. 馏程

在一定外压下，油品的沸点随气化率增大而不断升高。所以油品的沸点不是一个温度点，而是一个温度范围，这个温度范围称为馏程。

三、几种常用石油产品的质量要求及管理

1. 汽油

汽油的用途是作为汽油汽车和汽油机的燃料，并按辛烷值划分牌号，对它的质量要求如下。

① 良好的蒸发性，以保证发送机在冬季易于启动；在夏季不易产生气阻，并能较完全燃烧。

② 足够的抗爆性，以保证发动机运转正常，不发生爆震，充分发挥功率。

③ 有一定的化学稳定性。要求诱导期要长，实际胶质要小，以保证长期储存时不会发生明显的生成胶质和酸性物质，以及辛烷值降低和颜色变深等质量变化。

④ 有较好的抗腐性，要求腐蚀试验不超过规定值，保证汽油在储存和使用中不腐蚀储油容器和汽油机机件。

2. 煤油

煤油主要用于照明和各种喷灯、气灯、气化炉和煤油炉等的燃料，也可用作机械零件的洗涤剂、橡胶和制药工业的溶剂等。其质量要求如下。

① 燃烧性良好。在点燃油灯时，有稳定的火焰和足够的照度，不冒或少冒黑烟。

② 吸油性良好。重组馏分要少，以利于灯芯吸油，不易结焦。

③ 含硫量少。燃烧时无臭味，燃烧时释放的气体于人、畜无害。

④ 闪点不低于 40℃，以保证使用时的安全，否则常温下着火危险性大。

3. 柴油

柴油分为轻柴油和重柴油两种。轻柴油可用作柴油机汽车、拖拉机和各种高速柴油机的燃料，重柴油则是中速、低速柴油机的燃料。对轻柴油的质量要求如下。

① 燃烧性好。即十六烷值适宜、自燃点低、燃烧充分，发动机工作稳定，不产生爆震现象。

② 蒸发性好。蒸发速度要合适，馏分应轻些，否则会使发动机油耗增大，磨损加剧，功率下降。

③ 有合适的黏度。以保证高压油泵的润滑和雾化的质量。

④ 含硫量小。以保证不腐蚀发动机。

⑤ 稳定性好。在储存中生成胶质及燃烧后生成积炭的倾向都比较小。

4. 溶剂油

溶剂油通常有 120 号溶剂油、J90 号溶剂油和 200 号溶剂油。它们分别被用作橡胶工业溶解胶料配制胶浆、油漆工业制油漆的稀释剂、清洗机件以及农药和医药工业溶剂。不同的用途可使用不同的溶剂油。当然对其质量也有特殊要求，一般对关系到蒸发速度的快慢和对人体毒性较大的芳香烃及碘值的最大含量均有一定要求。

5. 润滑油

润滑油的品种繁多。这类油主要是从经过提取汽油、煤油、柴油后剩下的部分中再经提炼、精制的产品。并不是所有的润滑油都用于润滑。根据其性能、用途的不同对其质量要求也不相同，但共同的要求如下。

① 适宜的黏度和良好的黏温性能。

② 良好的抗氧化稳定性和热稳定性。

③ 适宜的闪点和凝固点。

④ 较好的防锈和防腐性。

四、误差

测量误差的定义：测量结果减去被测量的真值。即：

$$测量误差＝测量结果－真值$$

测量结果是由测量所得到的赋予被测量的值，是客观存在的量的实验表现，仅是对测量所得被测量之值的近似或估计。显然它是人们认识的结果，不仅与量的本身有关，而且与测量程序、测量仪器、测量环境以及测量人员有关。确定测量结果时，应说明它是示值、未修正测量结果或已修正测量结果，还应表明它是否为几个值的平均，也即它是由单次观测所得，还是由多次观测所得。是单次，则观测值就是测量结果。是多次，则其算数平均值才是测量结果。在很多精密测量的情况下，测量结果是根据重复观测确定的。真值是量的定义完整体现，是与给定的特定量的定义完全一致的值，它是通过完善的或完美无缺的测量，才能获得的值。所以，真值反映人们力求接近的理想目标或客观真理。真值本质上是不能确定的。量子效应排除了唯一真值的存在，实际上用的是约定真值，必须以测量不确定度表征其所处的范围。因而，作为测量结果与真值之差的测量误差，也是无法准确得到或确切获知的。

约定真值是对于给定目的具有适当不确定度的、赋予特定量的值，有时该值是约定采用的。约定真值有时也称为指定值、最佳估计值、约定值或参考值。国际计量大会所规定的单位值，称为计量学中的约定相对真值，或简称约定真值。

1. 误差的表示方法

（1）绝对误差

测量结果和被测量的真值之间的差称为绝对误差，即：

$$绝对误差＝测量结果－被测量的真值 \tag{2-3}$$

（2）相对误差

测量的绝对误差与被测量的真实值之比称为相对误差。因测得值与真实值接近，故也可近似用绝对误差与测得值之比值作为相对误差，即：

$$相对误差＝绝对误差/被测量真值×100\% \tag{2-4}$$

（3）引用误差

引用误差是测量仪器的误差除以仪器的特定值。该特定值一般称为引用值。例如，可以使测量仪器的量程或标称范围的上限，以百分数表示，通常在多档和连续刻度的仪器仪表中应用，它以仪器仪表的满刻度示值为分母，某一刻度点的绝对误差为分子，所得的比值即为其引用误差。即：

$$引用误差＝绝对误差/满刻度示值 \tag{2-5}$$

（4）修正值

修正值是用代数方法与未修正测量结果相加，以补偿其系统误差的值。即：

$$修正值＝真值－未修正测量结果 \tag{2-6}$$

$$真值＝未修正测量结果＋修正值＝未修正测量结果－误差 \tag{2-7}$$

2. 误差的分类

误差的分类方法很多，若按误差出现的规律分，则可分成以下几类。

（1）系统误差

系统误差又称规律误差，即大小和方向均不改变的误差；或在条件改变时，按某一确定的规律变化的误差。如用每日慢 4min 的一个时钟来计时时，其计时误差就是系统误差。产生系统误差的主要原因有：仪表本身的缺陷；使用仪表的方法不正确；观测者的习惯或偏向；单因素环境条件的变化等。这类误差在测量中是容易消除或修正的，因为它是有规律的。

系统误差决定了测量的正确度。系统误差愈小，测量就愈正确。

（2）随机误差

随机误差又称偶然误差，即指服从于统计规律的误差。它是由很多复杂因素微小变化的总和引起的。它不易被发觉，也不好分析，还难于修正。这类误差的大小与测量次数有关，它的算术平均值将随测量次数的增多而减小。

随机误差决定的测量的精密度。它的平均值愈小，测量愈精密。

（3）疏失误差

疏失误差是一类显然与事实不符的误差，没有任何规律可循。产生这类误差的主要原因是操作者粗枝大叶；过度疲劳；操作有错或偶然一个外界干扰等。这类误差在测量中是不允许的，其测量结果是无效的。但它易被发觉，一旦发现，就应剔除。

应该指出，这类误差不是仪表本身固有的，主要是由于测量者的过失所致。因此，我们在工作中应认真、仔细，加强责任感，尽力避免产生这类误差。

（4）缓变误差

缓变误差即数值上随时间缓慢变化的误差。产生这类误差的原因多为零部件老化所致，其特点是单调缓慢变化。故可在某瞬时引进校正值加以消除，但经一段时间后，又需重新进行校正，以消除新的缓变误差。

由上可知：系统误差一般只需一次校正，而缓变误差则需经常校正。

3. 消除或减少误差的方法

消除或减小误差有两个基本方法。一是实现研究系统误差的性质和大小，以修正量的方式，从测量结果中予以修正；二是根据系统误差的性质，在测量时选择适当的测量方法，使系统误差互相抵消不带入测量结果。

（1）采用修正值的方法

对于定值系统误差可以采取修正措施。一般采用加修正值的方法，如对于测深钢卷尺、温度计、密度计的修正。

修正值本身也有误差。所以测量结果经修正后并不是真值，只是比未修正的测得值更接近真值。它仍是被测量的一个估计值，所以仍需对测量结果的不确定度做出估计。

（2）从产生根源消除

从排除误差源的办法来消除系统误差是比较好的办法。这就要求测量者对所用标准装置，测量环境条件，测量方法等进行仔细分析、研究，尽可能找出产生系统误差的根源，进而采取措施。如：使用后的测深钢卷尺其示值总比标准值长一些，这很可能是长期承受尺砣压力的影响。应注意这一因素，可在零位值部分进行调节。还有天平安装不正确（不水平）、支点刀承倾斜、横梁摆动中刀两侧摩擦阻力不等，造成天平一侧倾斜，应重调，使之水平等。

（3）采用专门的方法

① 交换法（又称高斯法）。在测量中将某些条件，如被测物的位置互相交换，使产生系统误差的原因对测量结果起相反作用，从而达到抵消系统误差的目的。

② 替代法（又称波尔达法）。替代法要求进行两次测量，第一次对被测量物进行测量物，达到平衡后，在不改变测量条件下，立即用一个已知标准值替代被测量物，如果测量装置还能达到平衡，则被测量值就等于已知标准值。如果不能达到平衡，调整使之平衡，这时可得到被测量值与标准值的差值，即：被测量值＝标准值＋差值。

③ 补偿法（又称异号法）。补偿法要求进行两次测量，改变测量中某些条件，使两次测量结果中，得到误差值大小相等，符号相反，取这两次测量的算术平均值作为测量结果，从而抵消系统误差。

④ 对称测量法。即在对被测量器具进行测量的前后，对称地分别同一已知量进行测量，将对已知量两次测得的平均值与被测量值进行比较，便可得到消除线性系统误差的测量结果。

⑤ 半周期测量法。对于周期性的系统误差，可以采用半周期偶数法，即每经过半个周

期进行偶数次观察的方法来消除。

⑥ 组合测量法。由于按复杂规律变化的系统误差不易分析，采用组合测量法可使系统误差以尽可能多的方式出现在测量值中，从而将系统误差变成随机误差处理。

五、测量工具的认识

1. 量油尺

量油尺是用于测量容器内油品高度或空间高度的专用尺。

（1）量油尺的结构

量油尺由尺砣、尺架、尺带、挂钩、摇柄、手柄等部件构成，见图 2-1。

尺砣由黄铜制成，测量低黏度油品的量油尺，采用轻型尺砣，重 700g，测量高黏度油品采用的尺砣重 1600g，用挂钩将尺砣连接在尺带上。砣身呈圆柱形或棱柱形，下端呈圆台形，它的底端就是量油尺的零点。所以尺砣和旋转闭合的转动钩必须固定，不能调换或松动。尺架上装有鼓轮和轴，轴的一端连接摇柄。摇柄的作用是将尺带卷在鼓轮上，摇柄上刻有量油尺的标称长度。

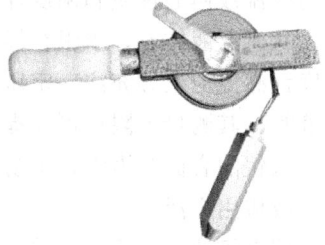

图 2-1 量油尺

（2）量油尺的技术要求

① 尺带必须是含碳量低于 0.8% 的具有一定弹性的连续钢制尺带，钢带经热处理后，在鼓轮上收卷和伸开不得留有残存的变形。

② 尺带表面必须洁净，不得有斑点、锈迹、扭折等缺陷；边缘应平滑，不得有锋口和倒刺。

③ 尺带的一面蚀刻或印有米、分米、厘米和毫米等刻度及其相应的数字，尺带上所有刻线必须均匀、清晰，并垂直于钢带的边缘。

④ 表示分米、米的刻线必须横贯尺带表面，表示厘米和毫米的刻线长度为尺带宽的 2/3 和 1/2。

⑤ 厘米、分米、米的分度值必须标有数字。

⑥ 量油尺的全长和最大允许误差必须符合表 2-1 规定。

表 2-1 量油尺允许误差

标称长度/m	允许误差/mm			
	全长	毫米分度	厘米分度	分米分度
5	±1.3	±0.2	±0.3	±0.5
10	±2.0	±0.2	±0.3	±0.5
15	±2.8	±0.2	±0.3	±0.5
20	±3.5	±0.2	±0.3	±0.5
30	±5.0	±0.2	±0.3	±0.5

2. 量水尺

量水尺的技术要求如下。

① 量水尺应采用与金属摩擦不发生火花的铜或铝合金材料制成。

② 量水尺表面应光洁，刻线清晰，垂直立在平面上应构成 90° 角，误差倾斜不超过 0.5°。

③ 量水尺的长度为 300～500mm，分度值为 1mm。

3. 油品温度测量常用温度计

（1）玻璃液体温度计的结构与工作原理

石油计量中常用的玻璃液体温度计按结构的形式分为棒式和内标式两种。

玻璃液体温度计的感温泡中密封有感温液体（水银、有机液体、汞基合金等），当感温泡外部环境温度发生变化时，在透明的玻璃感温泡和毛细管内的热膨胀作用下，液柱在玻璃毛细管内升高或降低，再参照温度刻度，读出温度的数值。

（2）玻璃液体温度计的测温范围

石油计量中常用的温度计测温范围一般在 $-80 \sim 400℃$ 之间。每支温度计的具体测温范围与感温液体的性质和温度计的制作有关。

从感温液体看，水银在标准大气压下保持液体状的温度是 $-38.9 \sim 356℃$，如果在水银温度计感温泡上方充注一定压强的中性气体（如氮气），使感温液的沸点升高，并采用石英玻璃管，其测量上限还可以提高到 $600℃$。

水银的表面张力大，不易黏附到玻璃壁上，化学纯的水银比较容易制取而且测温范围宽，故应用广泛。

用有机液，主要是酒精、甲苯等作感温液，测量低温性能好，可达 $-200℃$，并且制造简便、成本低。但有机液表面张力小，热容量大，对热的反应不灵敏等因素使有机液玻璃温度计测温的精确度受到影响。

玻璃液体温度计按其用途可分为标准水银温度计、实验室用温度计和工业用温度计三种。

标准水银温度计有一等和二等之分，其最小分度值分别为 $0.05℃$ 和 $0.1℃$；一般一等标准水银温度计用作实验室高精度温度的测量。二等标准水银温度计适用于检定和校验分度值为 $0.1℃$ 或大于 $0.1℃$ 的各种玻璃温度计、压力式温度计、工业用热电偶温度计等。

实验室用玻璃液体温度计一般是棒状的，也有内标式的。测温范围在 $-30 \sim 350℃$。

工业用温度计一般做成内标式，其下部有 $90°$ 和 $135°$ 的。为避免温度计在使用时被碰伤，在其外面通常罩有金属保护管。

此外，还有具有指示温度、控制温度、发出信号、报警等作用的工业用电接点式温度计等。

4. 油罐取样设备

（1）加重取样器

加重取样器其结构如图 2-2 所示，加重取样器应有适当的容量，一般为 $0.5 \sim 10L$，在被取样的石油或液体石油产品中能迅速下沉。取样器配有用不产生火花材料制成的绳或链，以便能在油罐中任何一个需要取样的部位装满试样。为防止加重用金属不规则表面污染试样，应将其装在取样器外部或不透油的假底中。

（2）取样笼

取样笼的结构形式如图 2-3 所示，它是用金属或塑料制成的支座或笼子，能容纳相应的取样容器，并且能在被取样的石油和液体石油产品中迅速下沉，在油罐中任何一个需要取样的部位装满试样。

取样笼通常配有特殊尺寸的瓶子。用取样笼采样对于透明的易挥发油料可以避免倒换容器时轻组分挥发。特别是采取做氧化安定性试验或铜片试验的试样时，不能使用铜质取样器，应将玻璃瓶装在取样笼中取样。

图 2-2　加重取样器

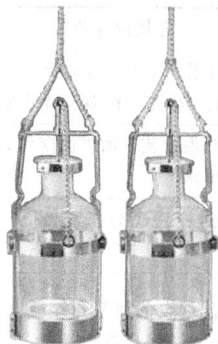

图 2-3　取样笼

（3）底部取样器

底部取样器是用不产生火花的链或绳将其沉放到罐底的容器，见图 2-4，当其与罐底接触时，它的阀或塞就被打开；当其离开罐底时，它的阀或塞就被关闭。

（4）管式取样器

管式取样器是由玻璃、金属或塑料制成的管子，能插入到油桶、汽车油罐中所需采样的部位。它适合于在一个选择的液面上采取点样或以底部样，用检查污染物或从液体的纵向界面采取代表性试样。

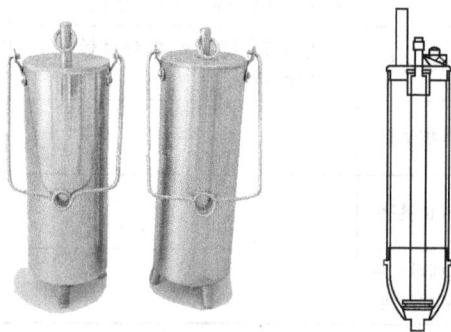

图 2-4　底部取样器

【考核评价】

考核项目及评分标准

项目	考核内容及要求	评分标准	配分	得分
准备	穿工作服,戴好劳动保护用品,文明操作,遵守秩序,保证操作安全	未按规定正确穿戴劳动保护用品扣 5 分,不文明操作扣 5 分	10	
操作过程	打开油罐顶计量孔盖,计量员应站在上风口,在指定点下尺	开盖要轻,否则扣 8 分,下尺不稳扣 13 分,量油尺不与检尺口接触扣 9 分	25	
	提尺要快,读数要准,先读小数,后读大数	提尺不快不稳扣 8 分,读数不准扣 22 分	25	
	重复以上操作,做好记录,用棉纱将尺擦净卷好	两次检尺误差不超过 2mm,取平均值,超过 2mm 重检并扣 11 分	30	
团队协作	团队的合作紧密,配合流畅,个人操作能力较好	团队合作不紧密扣 5 分,个人操作能力差扣 5 分	10	
考核结果				
组长签字				
实训教师签字并评价				

考核项目及评分标准

项目	考核内容及要求	评分标准	配分	得分
准备	穿工作服,戴好劳动保护用品,文明操作,遵守秩序,保证操作安全	未按规定正确穿戴劳动保护用品扣5分,不文明操作扣5分	10	
操作过程	将测温盒装入油罐温度计,装置应符合要求	装置不符合要求扣11分,安装不正确扣9分	15	
	根据检尺确定测温点和每点的高度	测温高度确定不对扣12分,测温点不够扣8分	15	
	下测温盒的绳要和计量口某点接触,下到测温位置时要上下提拉绳子,加速温度平衡达到浸没时间提出测温盒读数	绳子不与计量口接触扣11分,温度不平衡扣8分,不知道各种油品的浸没时间扣8分。浸没时间:轻油5min,原油15min,重油30min;该时间掌握得不好扣9分,读数不准扣4分	30	
	重复以上操作,将每个测温数值累加求平均值,确定有效温度值	动作不规范扣8分,计算错误扣6分,不懂取值范围扣6分	20	
团队协作	团队的合作紧密,配合流畅,个人操作能力较好	团队合作不紧密扣5分,个人操作能力差扣5分	10	
考核结果				
组长签字				
实训教师签字并评价				

考核项目及评分标准

项目	考核内容及要求	评分标准	配分	得分
准备	穿工作服,戴好劳动保护用品,文明操作,遵守秩序,保证操作安全	未按规定正确穿戴劳动保护用品扣5分,不文明操作扣5分	10	
操作过程	检查取样器应完好,将塞子塞紧,从计量口放到确定的高度	取样器塞子塞不紧扣5分,放取样器的绳子和计量口不接触扣10分	15	
	放到确定的高度时以迅速的动作拉动绳子,打开取样器塞子	取样高度确定不对扣5分,拉不开塞子或塞子中途脱落扣10分	15	
	取样器充满后,提出取样器,将所取样试样倒入试样容器中冲洗	不冲洗试样容器扣5分,并将污油倒入污油桶内,操作不慎扣5分	20	
	重复以上操作,将试样倒入试样容器中封口,并依上、中、下顺序采取1∶1∶1混合	根据液位高低确定取样次数和每次取样位置,次数不够扣10分,位置不对扣10分	30	
团队协作	团队的合作紧密,配合流畅,个人操作能力较好	团队合作不紧密扣5分,个人操作能力差扣5分	10	
考核结果				
组长签字				
实训教师签字并评价				

【习　题】

1. 什么是石油？组成原油的主要元素是什么？
2. 目前石油黏度分为哪几种？
3. 什么是误差，误差的分类都有哪些？
4. 汽油、煤油、柴油的质量管理要求有哪些？
5. 立式油罐检尺、测温的方法有哪些？
6. 油罐取样时应注意的事项有哪些？

任务二　准确读取计量中的数据，并按规定记录数据

【教学任务书】

情境名称	油罐检尺、测温和取样作业		
任务名称	准确读取计量中的数据，并按规定记录数据		
任务描述	对使用测温仪表、油罐检尺测量出来的结果进行正确的读取和记录数据		
任务载体	测温仪表、油罐检尺工具		
学习目标	能　力　目　标	知　识　目　标	素　质　目　标
	1. 能准确读取测量数据 2. 能按规定进行数据记录	1. 数据的读数方法 2. 数据的修约方法 3. 数据的运算方法	1. 能团结协作，体现团队意识 2. 培养学生的经济意识 3. 培养学生归纳、总结、自我学习的意识
对学生要求	1. 明确任务 2. 准确读取计量中的数据 3. 按规定记录数据 4. 制定实施方案		

【任务实施】

一、对测深钢卷尺的测量结果进行读数

要点：测深钢卷尺读数时应先读小数，后读大数，估读一位。应在计量数据后正确填写计量单位。所有的测量数据应进行多次的测量，取其平均值后得出测量结果。

二、对最小刻度为 0.2℃ 温度计的测量结果进行读数

要点：对温度计进行读数时应在温度计指示值稳定后才能读数，应在计量数据后正确填写计量单位。所有的测量数据应进行多次的测量，取其平均值后得出测量结果。

三、对石油密度计对石油产品的测量结果进行读数

要点：对密度计进行读数时应在密度计稳定后才能读数，估读一位。应在计量数据后正确填写计量单位。所有的测量数据应进行多次的测量，取其平均值后得出测量结果。

【必备知识】

由于测量结果含有测量误差，测量结果的位数，应保留适宜，不能太多，也不能太少，

太多易使人认为测量准确度很高，太少则会损失测量准确度。测量结果的数据处理和结果表达是测量过程的最后环节，因此，有效位数的确定和数据修约对测量数据的正确处理和测量结果的准确表达有很重要的意义。

一、数字运算规则

1. 有关名词解释

（1）正确数

不带测量误差的数，如 5 支温度计，6 个人。

（2）近似数

接近但不等于某一数的数，如圆周率的近似数为 3.14。在自然科学中，一些数的位数很长，甚至是无限长的无理数，但运算时只能取有限位，所以实际工作中近似数很多。

（3）有效数字

一个数字的最大误差不超过其末位数字的半个单位，则该数字的左起第一个非零数字到最末一位数字，为有效数字。

如用一支最小刻度为毫米的钢板尺测量某物体长度，得出四个数字：①$L=3mm$；②$L=3.3987mm$；③$L=3.4126mm$；④$L=3.4mm$。上述四个数据显然都是近似数，但第一个数未能充分利用刻度尺的精度，应再多估读一位；第二、第三个数据虽然位数较多，但不能通过尺的刻度准确读出来，数据中小数点后第二位以后的数字都是虚假无效的；唯独第四个数据最合理地反映出了 L 的真实值，有效地表示出原有物体的真实尺寸。因此称 3.4mm 为 L 的有效值。这一数值的特点是只有最末一位数字是估读的，而其他位的数字都是准确数字。

为了进一步探讨这一数值的特点，分析一下估读数值的精度。一般情况下，计量检测人员都能估读出最小刻度的 1/10，其估读精度为 ±0.05 刻度值，或者说估读值的最大误差不超过估读位上的半个单位。例如，上例中的数值 3.4mm，是在 1/10mm 位上估读的，估读误差不超过 $\pm1/2\times1/10mm=\pm0.05mm$，即 L 的实际值在 3.35～3.45mm 的范围内。

（4）有效数位

一个数全部有效数字所占有的位数称为该数的有效位数。如 3.4 中的"3.4"为两位有效数字，应该指出以下几点。

① 有效数字的位数与该数中小数点的位置无关。上例中被测长度 L 的有效数值为 3.4mm；若以米为单位来表示，则为 0.0034m。这两个数字虽然其小数点位置不同，但都为两位有效数字。因此，盲目认为"小数点后面位数越多数值越准确"是错误的，因为小数点在一个数中的位置仅与所选的计量单位有关，而与该数的量值无关。

顺便指出，0.0034m 中前面三个"零"是由于单位改变而出现的，都不是有效数字。因此一个数的有效数字必须从第一个非零数字算起。

② 一个数末尾的"零"可能是有效数字，也可能不是有效数字。上例中测得的 $L=$ 3.4mm，如果以微米为单位表示，则 $L=3400\mu m$。但是根据有效数字定义，此数仍为两位有效数字，其末两位的"零"不是有效数字。如果用按毫米刻度的刻尺测出一个尺寸为 50mm，则其"50"之末位的"零"显然为有效数字。因此，对于一个数的末位的零，不能笼统断言是或者不是有效数字，而必须根据具体情况进行分析。

这里还应指出，对于测量数据存在着有效数字的概念；对于无理数亦有有效数字的概念。例如 3.14 是 π 的三位有效数字，3.1416 则是 π 的五位有效数字。

③ 乘方形式体现的有效数字。如 3.14mm 可以为 $3400\mu m$。此时，如果不加特殊说明，

就很难判定 L 的数值是几位有效数字。为了能在选择不同单位的情况下，都能准确无误地辨认出一个数的有效数字位数，可采用如下数据形式：

$$有效数字 \times 10^n 单位$$

这里 n 为幂指数，根据选定单位而定。目前实际确定时，通常将极限误差保留一位数字，测量结果最末一位数字的数量级取至与极限误差数量级相同。

对于一般性测量，有效数位的确定可以简单些，不必先知道极限误差，只需按计量器具最小刻度值来确定有效位数即可，因为一般计量器具的极限误差与刻度值是相当的。如果对测量结果需要进行计算，如多次测量时求算术平均值，则读数可多估读一位；但最后测量结果的有效位数仍根据计量器具最小刻度值确定。

从上述分析可以看出，测量数据的有效位数是受测量器具及方法的精度限制的，不能随意选定。如成品油计量中散装成品油重量计算时的数据处理，一般规定如下。

a. 若油品质量单位为 t（吨）时，则数字应保留至小数点后第三位；若油品质量单位为 kg（千克）时，则有效数字仅为整数。

b. 若油品体积单位为 m^3（立方米）时，则有效数字应保留至小数点后第三位；若体积单位为 L（升）时，则有效数字仅为整数；但燃油加油机计量体积单位为 L（升）时，数字应保留至小数点后第二位。

c. 若油温单位为是℃（摄氏度）时，则有效数字应保留至小数点后一位，即精确至 0.1。

d. 若油品密度单位为 g/cm^3 时，则有效数字应保留至小数点后第四位；若油品密度单位为 kg/m^3，则有效数字应保留至小数点后一位，且 $kg/m^3 = 10^{-3} g/cm^3$。

2. 数字修约原则

在处理计量测试数据的过程中，常常需要仅保留有效位数的数字，其余数字都舍去。这时要遵循以下规则进行取舍。

如果以舍去数的首位单位为 1，分三种情况进行处理：

① 若舍去部分的数值大于 5，则保留数字的末位加 1；

② 若舍去部分的数值小于 5，则保留数字的末位不变；

③ 若舍去部分数值等于 5，则将保留数字的末位凑成整数，即末位为偶数（0、2、4、6、8）时不变，为奇数（1、3、5、7、9）时则加 1。

为便于记忆，我们将上述规则简化为口诀：五下舍去五上进，偶弃奇取恰五整。

【例 2-1】 将下列左边各数保留到小数点后第二位。

76.7675→76.77　　　　15.6735→15.67　　　　0.3750→0.38

0.3650→0.36　　　　0.365000001→0.37

3. 近似数的加减运算

近似数的加减，以小数点后位数最少的为准，其余各数均修约成比该数多保留一位。计算结果的小数位数与小数位数最少的那个近似数相同。

4. 近似的乘除运算

近似数的乘除，以有效数字最少的为准，其余各数修约成比该数字多一位的有效数字；计算结果有效数字位数，与有效数字的位数最少的那个数相同，而与小数点位置无关。

5. 近似数的乘方运算

乘方运算是乘法运算的特例，其规则与乘除运算规则类同，为：数进行乘方运算时，幂的底数有几位有效数字，运算结果就保留几位有效数字。

6. 近似数的开方运算

开方运算是乘方的逆运算，所以可以由乘方运算规则导出开放运算规则为：数进行开方运算时，被开方数有几位有效数字，求得的方根值就保留几位有效数字。

7. 近似数的混合运算

进行混合运算时，中间运算结果的有效数字位数可比按加、减、乘、除、乘方、开方运算规则进行计算所得的结果多保留一位。

8. 修约注意事项

① 不得连续修约。即拟修约的数字应在确定位数一次修约获得结果，不得多次连续修约。如：修约 15.4546 至个位，结果为 15，不正确修约是：15.4546→15.455→15.46→15.5→16。

② 负数修约，先将它的绝对值按规定方法进行修约，然后在修约值前加上负号，即负号不影响修约。

二、基本单位的选择和定义

1. 基本单位定义

基本单位是给定量制中基本量的单位。

基本单位的选择原则如下。

① 一个基本量只有一个基本单位。

② 基本单位应能按它的定义原则进行定义。

③ 基本单位应该容易实现和具有极高的准确度。

④ 复现基本单位的基准量制应可保持长久不变。

⑤ 基本单位的大小应该便于使用。

⑥ 基本单位应能满足一贯性的要求。

2. 基本单位的定义原则

① 基本单位的定义应该明确规定单位的量值。

② 基本单位的定义应该是科学的、严密的和简单明了的，它应能为本专业人员所接受和非本专业科技人员所理解。

③ 基本单位的定义本身应与它的实现方法分开，从而允许实现方法的不断改进以提高实现的准确度，但又能保证定义较长时间内不变。

④ 当必须更改基本单位的定义时，要保持单位名称和单位量值的不变，以保证它的延续性和统一性。

3. SI 基本单位

国际单位制的 SI 基本单位为米、千克、秒、安培、开尔文、摩尔和坎德拉，其对应量的名称、单位符号和定义见表 2-2。

表 2-2　SI 基本单位

量的名称	单位名称	单位符号	定　　义
长度	米	m	米是光在真空中于(1/299,792,458)s 时间间隔内所经路径的长度
质量	千克	kg	千克是质量单位，等于国际千克原器的质量
时间	秒	s	秒是铯 133 原子基态的两个超精细能级间跃迁相对应的辐射的 9、192、631、770 个周期的持续时间

续表

量的名称	单位名称	单位符号	定　义
电流	安[培]	A	安培是电流单位,在真空中截面积可忽略的两根相距1m的无限长平行圆直导线内通以等量恒定电流时,若导线间相互作用力在每米长度上为2×10^{-7}N,则每根导线中的电流为1A
热力学温度	开[尔文]	K	开尔文是热力学温度单位,等于水的三相点热力学温度的1/273.16
物质的量	摩[尔]	mol	摩尔是一系统的物质的量,该系统中所包含的基本单元数与0.012kg碳12的原子数目相等。使用摩尔时,基本单元应予指明
发光强度	坎[德拉]	cd	坎德拉是一光源在给定方向上的发光强度,该光源发出频率为540×10^{12}Hz的单色辐射,且在此方向上的辐射强度为$1/683$W·$(sr)^{-1}$

4. SI 导出单位

SI 导出单位是由 SI 基本单位按定义方程式导出的单位。它包括两类：用 SI 基本单位表示的一部分 SI 导出单位；具有专门名词的 SI 导出单位。其中具有专门名词的 SI 导出单位总共有 21 个（见表 2-3）。

表 2-3　SI 导出单位

量 的 名 称	SI 导出单位		
	名称	符号	用 SI 基本单位和 SI 导出单位表示
[平面]角	弧度	rad	$1rad=1m/m=1$
立体角	球面度	sr	$1sr=1m^2/m^2=1$
频率	赫[兹]	Hz	$1Hz=1s^{-1}$
力	牛[顿]	N	$1N=1kg\cdot m/s^2$
压力,压强,应力	帕[斯卡]	Pa	$1Pa=1N/m^2$
能[量],功,热量	焦[耳]	J	$1J=1N\cdot m$
功率,辐[射能]通量	瓦[特]	W	$1W=1J/s$
电荷[量]	库[仑]	C	$1C=1A\cdot s$
电压,电动势,电位,电势	伏[特]	V	$1V=1W/A$
电容	法[拉]	F	$1F=1C/A$
电阻	欧[姆]	Ω	$1\Omega=1V/A$
电导	西[门子]	S	$1S=1\Omega^{-1}$
磁通[量]	韦[伯]	Wb	$1Wb=1V\cdot s$
磁通[量]密度,磁感应强度	特[斯拉]	T	$1T=1Wb/m^2$
电感	亨[利]	H	$1H=1Wb/A$
摄氏温度	摄氏度	℃	$1℃=1K$
光通量	流[明]	lm	$1lm=1cd\cdot sr$
[光]照度	勒[克斯]	lx	$1lx=1lm/m^2$
[放射性]活度,吸收剂量	贝可[勒尔]	Bq	$1Bq=1s^{-1}$
比授[予]能,比释动能	戈[瑞]	Gy	$1Gy=1J/kg$
剂量当量	希[沃特]	Sv	$1Sv=1J/kg$

5. SI 词头

SI 词头的功能是与 SI 单位组合在一起,构成十进制的倍数单位和分数单位。在国际单位制中,共有 20 个 SI 词头,这 20 个词头所代表的因数,是由国际计量大会通过决议规定的,它们本身不是数,也不是词,其原文来自希腊、拉丁、西班牙、丹麦等语中的偏僻名词,无精确的含义。而在我国法定计量单位里选其中 16 个用于构成十进倍数和分数单位的词头。SI 词头与所紧接的 SI 单位构成一个新单位，应将它视作为整体（见表 2-4）。

表 2-4 SI 词头

因 数	词头名称		符 号
	英文	中文	
10^{24}	yotta	尧[它]	Y
10^{21}	zetta	泽[它]	Z
10^{18}	exa	艾[可萨]	E
10^{15}	peta	拍[它]	P
10^{12}	tera	太[拉]	T
10^{9}	giga	吉[咖]	G
10^{6}	mega	兆	M
10^{3}	kilo	千	k
10^{2}	hecto	百	h
10^{1}	deca	十	da
10^{-1}	deci	分	d
10^{-2}	centi	厘	c
10^{-3}	milli	毫	m
10^{-6}	micro	微	μ
10^{-9}	nano	纳[诺]	n
10^{-12}	pico	皮[可]	p
10^{-15}	femto	飞[母托]	f
10^{-18}	atto	阿[托]	a
10^{-21}	zepto	仄[普托]	z
10^{-24}	yocto	幺[科托]	y

6. 制外单位

制外［计量］单位是不属于给定单位制的测量单位。

有一些单位本身具有重要作用，而且广泛应用，可是国际单位制还不包括它们，这些单位就是国际单位制的制外单位。其中包括以下两种。

① 与国际单位制并用的单位，如表示时间的单位：分、秒、时、日；表示平面角的单位：度、［角］分、［角］秒；表示体积的单位：升等。

② 暂时与国际单位制并用的单位，如表示转速的单位：转每分；表示长度的单位海里、公里。

7. 国际单位制的使用方法

① 国际单位制本身的符号为"SI"。这是国际通用符号，表示整个单位制。根据一个单位一个名称一个符号的原则，在 SI 中，对于每个单位都规定有国际通用的名称和符号，必须遵照使用。21 个专门名称的导出单位都有中文音译名称，其简称往往就是译名的第一个字，如牛、赫、安、帕等，这些中文简称亦可以作为符号使用，称为"中文符号"。

SI 单位和 SI 字头的国际符号，一律用正体印刷或书写。一般 SI 单位的国际符号的字母，用正体小写，但来源于人名的 SI 单位，其符号的第一个字母用正体大写。当 SI 词头的因数小于 10^{6} 时，其符号用正体小写；当 SI 词头的因数等于或大于 10^{6} 时，其符号用正体大写。另外国际上规定所有量的符号，无论在任何情况下，一律用斜体印刷或书写，即使将它作为下标时，也不例外。

② 由两个以上 SI 单位相乘构成的组合单位，其国际符号可以有两种形式。即单个符号的中间可以加或不加圆点。但若组合单位符号中某个符号同时又是词头符号，则应将这个符

号置于右侧。

　　由两个以上 SI 单位相乘构成的组合单位，其中文名称应该与其国际符号表示的顺序一致，但可以把单个符号间的圆点略去。

　　③ 有乘方的单位的中文名称，其顺序应该是指数名称在前，单位名称在后，相应的指数名称由数字加"次方"两字而成，不过如果长度的二次方和三次方分别表示面积和体积时，可以采用以下三种形式：应尽量采用圆点或斜线形式；当相除的组合单位的分母中，包含有两个以上单位符号时，整个分母一般应加圆括号，而且除号斜线不得多于一条；组合单位中除号所相对应的中文名称为"每"，整个单位的中文名称亦应与国际符号所表示的顺序一致，而且不论分母中有几个单位，"每"字都只能出现一次。

　　④ SI 单位和 SI 词头的名称，一般只在叙述性文字中使用，其他的符号更多地应用于公式、表格、曲线图、刻度盘或产品铭牌等需要简单明了的场合。

　　8. 我国的法定计量单位

　　法定计量单位是指国家以法令的形式，明确规定并且允许在全国范围内统一实行的计量单位。凡属于一个国家的一个法定计量单位，在这个国家的任何地区、任何区域及所有人员都应按规定要求严格加以采用。

　　1960 年第十一届国际计量大会决定采用以米制为基础发展起来的国际单位制（SI），1984 年 2 月 27 日我国国务院发布"关于在我国统一实行法定计量单位的命令"，决定在采用先进的 SI 的基础上进一步统一我国的计量单位，并明确把 SI 基本计量单位（以下简称基本单位）列为我国法定计量单位的第一项内容，命令还规定"我国的计量单位一律采用《中华人民共和国法定计量单位》"。这样，以法规的形式把我国的计量单位统一起来，并约束人们要正确地予以使用。

　　我国的法定计量单位是以国际单位制单位为基础，保留了少数其他计量单位组合而成的，它包括了 SI 的基本单位、导出单位和词头，同时选用一些国家选定的非国际单位制单位以及上述单位构成的组合形式的单位。其主要特点是完整、具体、简单、科学、方便，同时与国际上广泛采用的计量单位更加协调统一（见表 2-5）。

表 2-5　可与国际单位制单位并用的我国法定计量单位

量的名称	单位名称	单位符号	与 SI 单位的联系
时间	分	min	$1min = 60s$
	［小］时	h	$1h = 60min = 3600s$
	日,［天］	d	$1d = 24h = 86400s$
［平面］角	度	°	$1° = (\pi/180)rad$
	［角］分	′	$1' = (1/60)° = (\pi/10800)rad$
	［角］秒	″	$1'' = (1/60)' = (\pi/64800)rad$
体积	升	L,(l)	$1L = 1dm^3 = 10^{-3}m^3$
质量	吨	t	$1t = 10^3kg$
	原子质量单位	u	$1u \approx 1.660540 \times 10^{-27}kg$
旋转速度	转每分	r/min	$1r/min = (1/60)s^{-1}$
长度	海里	n mile	$1n\ mile = 1852m$（只用于航行）
速度	节	kn	$1kn = 1n\ mile/h = (1852/3600)m/s$（只用于航行）

续表

量的名称	单位名称	单位符号	与 SI 单位的联系
能	电子伏	eV	$1eV \approx 1.602177 \times 10^{-19}J$
级差	分贝	dB	
线密度	特[克斯]	tex	$1tex = 10^{-6}kg/m$
面积	公顷	hm²	$1hm^2 = 10^4 m^2$

9. 法定计量单位使用方法及规则

1984 年 6 月 9 日，国家计量局以（84）量局制字第 180 号文件颁布了《中华人民共和国法定计量单位使用方法》。

（1）法定计量单位的名称

① 我们所说的法定计量单位的名称，均指单位的中文名称。单位的中文名称分全称和简称两种。

国际单位制中凡用方括号括上的都可以使用简称。简称既可以等效于它的全称使用，又可在必要时将单位简称作为中文符号使用。

② 组合单位的中文名称与其符号表示的顺序一致。符号中乘号没有对应名称，除号的对应名称为"每"字，无论分母中有几个单位，"每"字都只能出现一次。

③ 乘方形式的单位名称，其顺序应是指数名称在前，单位名称在后，相应的指数名称由数字加"次方"两字而成。

④ 书写单位名称时，不加任何表示乘或除的符号，如"·"、"×"、"/"、"÷"或其他符号。

⑤ 单位名称和符号必须作统一使用，不能分开。

（2）法定计量单位的词头名称

对于 SI 词头，国际上规定了统一的名称和符号，我国法定计量单位规定了词头相应的中文名称和符号。

10. 书写单位和词头应注意的事项

① 单位和词头符号所用的字母，不论是拉丁字母或希腊字母，一律用正体书写。这一条是根据国际上的有关规定作出的。除规定单位和词头符号用正体外，还规定数学常数、三角函数等必须用正体。规定用斜体的有：量的符号；物理常数符号，一般函数等。

② 单位和词头的符号尽管来源于相应的单位的词语，但他们不是缩略语，书写时不能带省略点，且无复数形式。

一般情况，单位符号要比单位名称简单，但不能把单位符号加上省略点作为单位名称的缩写。

③ 单位符号的字母一般为小写体，但如果单位名称来源于人名，符号的第一个字母为大写体。但有一个例外，即升为 L（l）以避免用小写"l"时与阿拉伯数字"1"相混淆。关于非来源于人名的单位符号用小写字母的规定，也适用于非国际单位制单位。

④ 词头符号的字母，与国际单位制中的词头书写要求一致。

⑤ 一个单位符号不得分开，要紧排。

⑥ 词头和单位符号之间不留间隔，不加表示相乘的任何符号，也不必加圆括号。但有一个例外，在中文符号中，当词头和数词有可能发生混淆时，要用圆括号。

⑦ 相除形式的组合单位，在用斜线表示相除时，单位符号的分子和分母都与斜线出于同一行内而不宜分子高于分母，当分母中包含两个以上单位时，整个分母一般应加圆括号，且不能使斜线多于一条。

⑧ 单位与词头的符号按名称或简称读音。

【考核评价】

考核项目及评分标准

项目	考核内容及要求	评分标准	配分	得分
准备	穿工作服,戴好劳动保护用品,文明操作,遵守秩序,保证操作安全	未按规定正确穿戴劳动保护用品扣5分,不文明操作扣5分	10	
操作过程	能准确读取测深钢卷尺读数	读数顺序不正确扣5分,数据估读不准确扣5分	15	
	准确记录测深钢卷尺数据并计算平均值	数据记录不符合要求扣5分,数据计算不正确扣5分	10	
	准确读出温度计的读数	读数不准确扣5分,估读不准确扣5分	15	
	准确记录温度计的数据	数据记录不符合要求扣5分,数据计算不正确扣5分	15	
	准确读取石油密度计的读数	读数不准确扣5分,估读不准确扣5分	15	
	准确记录石油密度计的数据	数据记录不符合要求扣5分,数据计算不正确扣5分	10	
团队协作	团队的合作紧密,配合流畅,个人操作能力较好	团队合作不紧密扣5分,个人操作能力差扣5分	10	
考核结果				
组长签字				
实训教师签字并评价				

【习　　题】

1. 何为正确数、近似数？
2. 什么是有效数字？数值的修约原则是什么？
3. 成品油重量计算的数据处理有哪些规定？
4. 怎样正确地读取计量的数据？
5. 国际基本计量单位都有哪些？

容器容积表的使用

【情境描述】

通过本单元的学习，对所检测的油品数据进行容器容积表的查表并进行计算。

任务　使用油罐、卧式金属油罐、球形罐、铁路油罐车、汽车油罐车的容积表

【教学任务书】

情境名称	容器容积表的使用		
任务名称	使用油罐、卧式金属油罐、球形罐、铁路油罐车、汽车油罐车的容积表		
任务描述	对所检测的油品数据进行容器容积表的查表并进行计算		
任务载体	容器容积表		
学习目标	能力目标	知识目标	素质目标
学习目标	1. 能对检测的油品数据进行容器容积表的查表 2. 能够通过所查找的数据进行计算	1. 学习容器容积表的查表方法 2. 学习数据的计算公式	1. 能团结协作,体现团队意识 2. 培养学生归纳、总结、自我学习的意识 3. 培养学生分析问题的兴趣
对学生要求	1. 明确任务 2. 能对具体的数据进行容器容积表的查表 3. 能根据查表的数据进行数据的整理和计算 4. 制定出任务实施的方案		

【任务实施】

一、立式油罐查表计算步骤

【例 3-1】　2 号立式金属油罐储存 90 号汽油，测得油高为 6973mm，测得密度经计算后得出的 $\rho_{20} = 0.7300\text{g/cm}^3$，试求该罐装油容积。

步骤 1：查主表高度为 6.900m 时容积为 1247775L；

步骤 2：查小数表在 6.687～7.936m 这一区段 7cm 时的容积为 12625L，3mm 时的容积为 541L；

步骤 3：查测量油高 6973mm 相对应的静压力增大值，因为 6973mm 靠近 7.0m，取静压力增大值为 514L；

步骤 4：$V_t = 1247775 + (12625 + 541) + 514 \times 0.73 = 1261316.22 = 1261316(\text{L})$。

答：该罐装油容积为 1261316L。

若罐内有水，则相应减去水高时的容积。

【例 3-2】 2 号立式金属油罐储存 90 号汽油，测得油水总高 4000mm，水高 28mm，测得密度经计算后得出 $\rho_{20}=0.7300\mathrm{g/cm^3}$，试求该罐装油容积。

步骤 1：查主表高度为 4000mm 时容积为 723714L；

步骤 2：查主表和小数表水高 28mm 时容积，主表 25mm 底量的容积为 2876L；

步骤 3：小数表 0.025～1.463m 这一区段 3mm 的容积为 545L；

步骤 4：查测量油水总高 4000mm 相对应的静压力增大值为 144L；

步骤 5：$V_t=723714+144\times0.73-(2876+545)=720398.12=720398(\mathrm{L})$。

答：该罐装 90 号汽油容积为 720398L。

二、浮顶油罐查表计算步骤

【例 3-3】 测得 7 号浮顶油罐 90 号汽油油高 800mm，求存油容量是多少？

步骤 1：油高 800mm，在浮盘最低点 1600mm 以下，查主表 0.800m 时容量为 323075L。

答：该罐存油容积 323075L。

三、卧式油罐查表计算步骤

【例 3-4】 3 号卧式油罐储存汽油，测得油高 1410mm，求装油量是多少？

步骤 1：查容积表 140cm 和横行 1cm 相交的容积得 25766L。

答：该罐储存汽油 25766L。

【例 3-5】 3 号卧式油罐储存汽油，测得油水总高 2657mm，水高 34mm，求装油量是多少？

步骤 1：求油水总高容积

$$V_{t总}=50082+\frac{50182-50082}{266-265}\times(265.7-265)=50152(\mathrm{L})$$

步骤 2：求水高容积

$$V_{t水}=94+\frac{143-94}{4-3}\times(3.4-3)=113.6(\mathrm{L})$$

步骤 3：求净油容积

$$V_{t油}=50152-113.6=50038.4\approx50038(\mathrm{L})$$

答：该罐装油量为 50038L。

四、铁路油罐车查表计算步骤

【例 3-6】 罐车表号 A747，罐内油品高度 2318mm，求油品体积 V_t。

步骤 1：根据表号 A747 应查简明表中 A700～A799 表，在表中查得基础容积为 $V_t=53716\mathrm{L}$、系数 $K=26.4747$ 代入公式

$$V_t=53716+26.4747\times47=54960(\mathrm{L})$$

答：罐车内装油 54960L。

【例 3-7】 表号 A751，罐内油高 2257mm，求油品体积 V_t。

根据表号确定应查 A700～A799 表，油高 2257mm 为非常装高度，用比例插值法计算出基础容积和系数，再计算出油品体积。

在表中查得如下数据：

高度/mm	容积/L	系数
2260	52485	25.8505
2250	52267	25.7424

步骤1：插值计算

基础容积 $V_J = 52267 + \dfrac{52485 - 52267}{2260 - 2250} \times (2257 - 2250) = 52420(L)$

步骤2：系数 $K = 25.7424 + \dfrac{25.8505 - 25.7424}{2260 - 2250} \times (2257 - 2250) = 25.8181$

步骤3：油品体积计算

根据公式
$$V_t = V_J + Kb$$
$$V_t = 52420 + 25.8181 \times 51 = 53737(L)$$

答：该罐车装油 53737L。

【例3-8】 收车型为 G70D、车号为 6277975 的铁路罐车 90 号汽油，测得油高为 3087mm，查容积表号为 TQ053，试计算该车收油量。

步骤1：查 TQ053 容积表，3087mm 处于 308～309cm 之间，采用比例内插法计算收油量为

$$V_t = 72061 + \frac{70170 - 72061}{309 - 308} \times (308.7 - 308) = 70737.3 \approx 70737(L)$$

答：该车收油量为 70737L。

五、汽车油罐车查表计算步骤

【例3-9】 4 号汽车罐车装汽油一车，测得油水总高 1044mm，水高 20mm，试求装车容量。

步骤1：求 $V_{t_总}$

$$V_{t_总} = 4912 + \frac{4940 - 4912}{105 - 104} \times (104.4 - 104) = 4923.2(L)$$

步骤2：求 $V_{t_水}$

$$V_{t_水} = 36L$$

步骤3：求 $V_{t_油}$

$$V_{t_油} = 4923.2 - 36.0 = 4887.2 \approx 4887(L)$$

答：该车装油 4887L。

【例3-10】 5 号汽车油罐车运输 0 号柴油一车，用钢卷尺测得高度数据：尺带对准计量口上沿基准点读数为 560mm，尺带浸没点 206mm，求装油量。

步骤1：求空高

$$H_空 = 560 - 206 = 354(mm)$$

步骤2：求实际装油量

$$V_t = 6071 + \frac{6071 - 6031}{35 - 36} \times (35.4 - 35) = 6055(L)$$

答：该罐装油 6055L。

【必备知识】

容积是指"容器内容纳物质的空间体积"，容量是"容器在一定条件下可容纳物质数量

（体积或质量）的多少"。两者区别点在于"虚"与"实"。

容量计量与质量计量、长度计量一样，有着悠久的历史，我国古代度、量、衡中的量，就是指容量。

从物理学得知，液体（流体）有如下两个特性。

① 液体受到压力作用时，如果压力值不大（即在通常的压力值下），液体的体积变化很小，实际上可以认为是不变化的。例如水在 0.1～2.5MPa（1～25atm）的压力范围内，每增加 0.1MPa，体积相对减少约 0.005％，这个特性称为液体的不可压缩性。

② 液体在静止时不能保持固定的形状。这一特性明显不同于固体。液体的形状由盛装它的容器的形状决定，这个特性称为液体的流动性。所谓容器就是具有内部空间、可以盛装液体的固定结构物。

由于液体具有上述两个特性，在计算液体的数量时，当采用容量法时主要是计算它的体积。如果再考虑它的密度 ρ，那么它的质量 m 可用下式求出：

$$m = V\rho \tag{3-1}$$

实际上，由于液体的流动性，直接测量它的体积是很困难的。因此，利用液体可以装入任何容器的特性，用一个已知具有一定容量的容器来测量液体的体积。所谓容器的容量（或称容积）就是容器可以装有液体的内部空间的体积。

由此可知，为了测量液体的体积，主要依靠测量准确的容器。所以，容量计量的经常性工作是测量容器的容积。容量在国际单位制中是由长度基本单位"米"导出的单位，即 m^3（立方米）和与倍数或分数单位结合而成的 dm^3、cm^3 等。另外国际单位制规定允许并用的单位有 L（升）。历史上升的定义由质量单位定义，即：1L 是 0.1MPa（1atm 下）3.98℃ 时 1kg 纯水所占有的体积。与立方分米之间的关系是：

$$1L = 1.000036dm^3$$

为使升和立方分米求得统一，在 1964 年第十二届国际计量大会上，会议决定取消升的原来从质量单位来的定义，而采用从长度基本单位得到的体积单位为容量单位，即 m^3。其分数单位则为：$1dm^3 = 1L$ 等。

石油库、加油站的立式金属油罐、卧式金属油罐、球形罐以及铁路油罐车、汽车油罐车容积的确定，都是通过计量检定所确定的。检定的过程是一个比较复杂的过程，初学者短时间内不易掌握，也超出了初学者学习的范围，这里介绍的是容积表的使用方法。

一、容量计量的有关术语

1. 标准体积（V_{20}）

在标准温度 20℃ 下的体积，m^3。

2. 非标准体积（V_t）

任意温度下的体积，m^3。

3. 体积修正系数（VCF）

石油在标准温度下的体积与其在非标准温度下的体积之比。

二、容器容积表的使用方法

1. 拱顶立式金属油罐

立式金属油罐是国际间石油化工产品贸易结算的主要计量器具之一，也是我国国内贸易结算的重要计量器具。容积表反映容器中任意高度下的容积，即从容器底部基准点起，任一垂直高度下该容器的有效容积。容积表编制的基础是按照容器的形状、几何尺寸及容器内的附件体积等技术资料为依据，经过实际测量、计算后编制。

立式金属油罐容积表一般包括如下内容。

（1）主表

从计量基准点起，通常以间隔 1dm 高对应的容积，累加至安全高度所对应的一列有效容积值。但在该罐有异于按几何体计算处和每一圈板终端，则标出至毫米的累计有效容积值。如 1 号罐主表 0.079m 对应的容积表明罐底至该高度不规则容积；1.555m 对应的容积表明第一圈板的累计有效容积值；以后的 3.159m、4.764m 等都表明其累计有效容积值。

（2）附表

又称小数表，按圈板高度和附件位置划分区段，给出每区段高度 1～9cm 和 1～9mm 的一列对应的有效容积值。

（3）容量静压力增大值表

一般按介质为水的密度 1g/cm³ 编制，储存高度从基准点起，以 1dm 间隔累加至安全高度所对应的一列罐容积增大值（编表从 1m 开始）。当测得值不为表载值时，按就近原则取相邻近的值。静压力增大值是油罐装油后受到液体静压力的影响，罐壁产生弹性变形，使得油罐的容量比空罐时大出的那部分量。使用时将静压力增大值 $\Delta V_水$ 与装载油品的相对密度 D_4' 相乘，得出静压力容积 $\Delta V_压$，即 $\Delta V_压 = \Delta V_水 D_4'$。又由于 D_4' 值接近于油品 ρ_{20}，则以 ρ_{20} 代替 D_4'，$\Delta V_压 = \Delta V_水 \rho_{20}$。

因为罐底非水平状态且凹凸不平，有时将确定高度下的罐底量作为一个固定量处理。编容积表时，将这个固定量和它所对应的高度编入主表。同样，以上的值为累计值。如 1 号油罐小数表从 0.079m 编表，说明这 79mm 以下是凹凸不平的，此为死量，79mm 以下高度的容量不能通过比例内插法求得。同理，2 号油罐 25mm 高度容量为死量。高度超过死量高度而不足 1dm，则采取底量加小数量得出，如 2 号罐测得水高 26mm，则容量为 2876＋182＝3058（L）。

那么，立式罐某装油高度下的容量则为

$$V_t = V_主 + V_小 + \Delta V_水 \rho_{20} \tag{3-2}$$

2. 浮顶罐

浮顶罐在罐内有一个由金属和其他轻质材料制成的浮盘浮在油面上，并随着油品液面升降而升降。由于油品液面与浮顶之间基本不存在油气，油品不能蒸发。因而基本上消除了油品大小呼吸损耗。所以，常使用它来储存易挥发的汽油和原油。浮顶罐储油除能减少蒸发损耗外，同时还可以减少对大气的污染，减少火灾发生的危险性。浮顶罐容积的编制形式和方法同拱顶立式金属罐，只是在容积表附栏注明浮顶质量、浮顶最低液面起浮高度和非计量区间。

浮顶罐的容量和质量计算应注意以下三种情况。

① 装油的油面在浮盘最低点以下，为第一区间。在计算容量时与普通拱顶立式罐相同。

② 油面在浮盘之中，浮盘没有起浮，浮盘最低点至起浮高度以下。因为此区间浮盘似浮非浮，占据的体积不能确定，因此，此区间的液位不能计量。如 7 号浮顶罐 1.600～1.800m 这一区间。

③ 浮盘起浮后为第三区间，这时浮盘已自由起浮，计算油品的质量时应扣除浮盘质量（w）。

另外，关于立式油罐有以下情况的测量数据不得作交接计量用：

① 总高明显不符；

② 浮顶已浸没，但尚未起浮；

③ 空罐进油后罐内没有垫水，垫水低于最低垫水高度，而容积表上没有底量表以及发油后油高低于出口以上 20cm；

④ 底量表上没有水高为零的容积，而水高又在容积表规定的第一间隔之间；

⑤ 内浮顶罐内水高超过导向管下缘。

3. 卧式金属油罐

卧式金属油罐是一个两端封顶的大致水平放置（倾斜比不大于 0.08）的圆筒，其容积由两端封顶和圆筒两部分组成。卧式金属油罐容积表以厘米为间隔，单位高度容积各不相同，无线性关系。从计量基准点起累加到最高高度所对应的容积为有效容积值。当测得高度不为表载值时，按比例内插法计算出该高度时的容积值。

4. 球形罐

球形罐是一种压力密闭容器，在承压状态下使用。球形罐容积表的编制包括空罐状态下的容积 V 和承压容积增大值 ΔV 两部分，承压球形罐总容积 $V_\mathrm{p}＝V＋\Delta V$。球形罐按罐竖直内径编容积表，每厘米为一间隔，从罐底零点开始计算，累计至安全高度下的一列对应的有效容积值。当测得高度不为表载值时，按比例内插法计算出该高度时的容积值。

查表方法同卧式金属罐。

5. 铁路油罐车

铁路油罐车容积表是铁路油罐车作为计量器具进行容量及质量计量交接的技术依据，也是罐内安全装置监控的科学依据。

目前使用的是中国石油化工集团公司大容器计量检定站编制的《简明铁路罐车容积表》，以及部分机车车辆厂生产的特种罐车容积表。

（1）简明铁路罐车容积表

铁道部采用的新罐车容积表共有 2 万个，分为 20 个字头，每一个字头一千个表。即 A000～A999、B000～B999、C000～C999、D000～D999、E000～E999、F000～F999、G000～G999、H000～H999、I000～I999、J000～J999、K000～K999、L000～L999、M000～M999、N000～N999、FA000～FA999、FB000～FB999、FC000～FC999、FD000～FD999、FE000～FE999、FF000～FF999。简明铁路罐车容积表把每个字头的一千个表分为十组，每组一百个表压缩为一个表，称为组表。如 A 字头十个组表是：A000～A099、A100～A199、A200～A299、A300～A399、A400～A499、A500～A599、A600～A699、A700～A799、A800～A899、A900～A999。每组表可以推算出 100 个容积表，其他各字头的容积表也是这样编制的。这样将 2 万个容积表压缩成 200 个组表，其绝对误差不大于±2L，常装高度绝对误差不大于±1L。

简明铁路罐车容积表分上、下两册，上册编入 A、B、C、D、E、F、G、H 八个型号罐车容积表。常装高度部分编表间隔为毫米，非常装高度部分编表间隔为厘米。A、E 型车常装高度 2300～2700mm，其余各型车常装高度 2200～2600mm。下册编入 K、L、I、J、M、N、FA、FB、FC、FD、FE、FF 十二个型号罐车容积表。其中 K、L、I、J 采用了原来的容积表，即 K 型车三个表原 175～177，L 型车三个表原 178、179、180，I 型车三个表原 2、5、7，J 型车三个表原号对照表。

该简明罐车容积表由基础表和系数表两个部分组成。使用时首先应确定使用哪个表。例如铁路罐车上打印的表号为 A747 时应使 A700～A799 这个表。查表方法是：根据罐内油品高度在表中查得基础容积 V_J 和系数 K，然后将系数和表号相乘（表号只取后两位），把乘得结果加到基础容积上就是要查的容积。

其计算公式是：

$$V_t = V_J + Kb \tag{3-3}$$

式中，b 为表号后两位数。

（2）特种罐车容积表

特种罐车容积表属各机车车辆厂设计制造并由国家铁路罐车容积检定站检定合格的非主型罐车，为一车一表。其容积表以每厘米为一间隔，从计量基准点起累加到最高高度所对应的容积为有效容积值。当测得高度不为表载值时，按比例内插法计算出该高度对应的容积值。其查表方式同卧式金属罐。

6. 汽车油罐车容积表

汽车油罐车是公路运输散装油品的运输工具，油品数量以车上交接数为准，因此，汽车油罐车又在计量器具的范畴之内。汽车油罐车容积表按每厘米为一间隔编制，编表形式分为测实高容积表和测空高容积表。测实高如同卧式金属罐一样，将尺铊触及罐底读出液面高度，然后根据液面高度查实高容积表。容积表从基准点起累加到最高高度所对应的容积为有效容积值。测空高是测得罐内空高，通过空高查测空高容积表，查得装油的实际容积。容积表从基准点为最大容积，然后逐步递减，即空高越小，容量越大，空高越大，容量越小。使用两种容积表，当测得值不为表载值时，按比例内插法计算出该高度时的容积值。

【考核评价】

考核项目及评分标准

项目	考核内容及要求	评分标准	配分	得分
准备	文明操作,遵守秩序,保证安全	不文明操作扣 5 分,不遵守秩序扣 5 分	10	
操作过程	明确使用有关容积表的目的,如计算罐内液体容量还是确定罐内液位高度等	目的不明确扣 6 分,不明确罐内液体容量所处状态扣 5 分	20	
	查取对应的容积表。容积表是按照罐型和罐号编制的	罐型不对扣 10 分,罐号不准扣 10 分	20	
	要求准确读取主表、附表及容量静压力修正表的表中数据,明确三种表的相互关系	不明确三表相互关系的扣 8 分,读取数据不准确的扣 5 分	20	
	计算罐内容量,要求准确计算罐内液体容量,并保留要求的有效位数,计量单位无误	计算不准或有效位数不够扣 5 分,计量单位错误扣 5 分	20	
团队协作	团队的合作紧密,配合流畅,个人操作能力较好	团队合作不紧密扣 5 分,个人操作能力差扣 5 分	10	
考核结果				
组长签字				
实训教师签字并评价				

【习　　题】

1. 什么是容积和容量？其计量单位主要有哪些？

2. 已知 2 号立式油罐汽油 $\rho_{20}=0.8500g/cm^3$，求以下各题容积值。

① 油水总高 800mm，水高 25mm；

② 油水总高 1325mm，水高 28mm；

③ 油水总高 11385mm，水高 28mm。

3. 已知 1 号立式浮顶油罐 $\rho_{20}=0.7300g/cm^3$，求以下各题容积值。

① 油水总高 860mm，水高 42mm；

② 油高 1780mm。

学习情境四

测定油品的含水量和沉淀物

【情境描述】

油品含水量和沉淀物的测定和温度、密度等参数的测定是油品质量测量的重要数据之一，通过含水率可计算油料实际的质量，保证油品合格的质量。

任务一　测定油品的含水量和沉淀物

【教学任务书】

情境名称	测定油品的含水量和沉淀物		
任务名称	测定油品的含水量和沉淀物		
任务描述	通过测量仪器对油品进行含水量和沉淀物的测定		
任务载体	蒸馏系统、离心机、抽提器		
学习目标	能力目标	知识目标	素质目标
	1. 能使用测试油品含水量和沉淀物的工具 2. 能使用测量工具对油品进行含水量和沉淀物的测定	1. 掌握测量含水量和沉淀物的工具的结构原理和使用方法 2. 掌握一些玻璃测量器皿的使用和洗涤方法	1. 能团结协作，体现团队意识 2. 培养学生的经济意识、安全意识 3. 培养学生对油品计量的诚信意识和质量意识
对学生要求	1. 明确任务 2. 测量含水量和沉淀物的工具的结构原理和使用方法 3. 能使用测量工具对油品进行含水量和沉淀物的测定 4. 制定出任务实施的初步方案		

【任务实施】

一、测定油品含水量

1. 准备测定仪器

要点：所用仪器（烧瓶、接受器、量杯、搅拌棒）都应清洗烘干，冷凝管内壁必须用干净棉花擦干，天平要符合计量标准。

2. 加热搅拌试样

要点：试样应加热到完全熔融后搅拌摇匀，加热温度一般应在 $40 \sim 50 ℃$ 为宜。

3. 称装试样、加溶剂

要点：测定时，将试样加热、摇匀，向预先称重过的清洁、干燥的圆底烧瓶中称入

100g 试样，称准至 0.1g。用量筒取 100mL 试剂注入圆底烧瓶中，摇匀后加入少量无釉瓷片、浮石或毛细管，防止加热时发生突沸。试样装瓶时可沿搅拌棒慢慢注入，加入的溶剂必须脱水，在烧瓶外的油液必须擦干净，以防加热着火。用至少 200mL 二甲苯以每次 40mL 分 5 次洗涤量筒，然后倒入烧瓶，缓慢注入试样，避免空气混入，直至量筒中的试样完全倒净。

4. 安装分析仪

要点：将盛有试样的烧瓶放在凹型电炉上，并使蒸馏烧瓶支管与馏程测定器的冷凝管严密连接（冷凝管内壁先用软布擦拭干净）。测定仪各部连接磨口处要涂一层密封脂，保证严格不漏和便于拆卸。冷凝管上端应轻松塞以棉花，防止空气中的水汽与冷凝管接触凝结。安装分析仪时不可猛力操作，防止损坏玻璃器具。仪器组装好后，要保证气密性和液密性。把装有显色干燥剂的干燥管装在冷凝器上端，防止空气中的水分在冷凝器内部冷凝。冷凝器夹套中的冷却水要保持在 20～25℃之间。

5. 开循环水加热

要点：应先开循环冷却水，再加热蒸馏。

6. 蒸馏

要点：由于原油或油料中含有水分，开始升温过快会造成大量的溶剂和水同时汽化，出现突沸或冷却不及时使水汽溢出造成水分损失。因此开始升温速度要慢，特别是在温度接近溶剂最低沸点时，要严格控制升温速度。如果遇突沸或剧烈响声时，应及时降低加热强度。控制油水冷凝液的流出速度为 1～2mL/min。为使凝结在蒸馏烧瓶颈上的水珠迅速蒸发，需用红外线灯加热颈柱。当烧瓶内液体泡沫逐渐减少时，可适当增加加热强度，直至 200℃。用冷却水的流速大小控制冷凝液在冷凝器内管中的高度不超过管长的 3/4。馏出物应以每秒 2～5 滴的速度滴进接受器。注意除接受器外，整套仪器的内壁任何部分都不能有可见水。如在冷却器内壁有水滴聚积，可用二甲苯冲洗。冲洗前应停止加热，冲洗后要缓慢升温，防止突沸，直到冷凝器没有可见水。蒸馏时要小心加热，防止玻璃仪器爆裂。开始调大温度，当油品开始汽化，沸腾后应立即减少加热强度。加热蒸馏至接受器中水体积不增加，溶剂变澄清透明时应停止加热继续循环冷却，一般蒸馏不能少于 40min 或 1h。

7. 关闭温控仪器

要点：接受器中水的体积保持恒定至少 5min 后停止加热。关闭加热器后，使接受器和它的内含物冷却到室温。停止加热 10～15min，取下蒸馏烧瓶，放置于阴凉处，冷却至 40～50℃。将分液漏斗取下静置片刻，待油、水层清楚后，小心地分出水层。然后，将轻质油完全放回到冷却至 40～50℃的原油中，并仔细混合均匀，以备使用。若接受器内壁上有水滴，用聚四氟乙烯制的刮具将水滴移到水层里。如冷凝管内仍有水滴，应采用从顶端注溶剂法，用快速沸腾法或用带鹅毛、橡皮的玻璃棒收刮法将水滴收入接受器中。

8. 读数计算

要点：仪器温度冷却后将接受器、烧瓶卸下，读出接受器中水的体积。读数时眼要平视，读弯月下缘值且精确到最小分度值。接受器的分刻度为 0.05mL，可估计读出 0.025mL。

二、用离心法测定原油中水和沉淀物

① 配制水饱和的甲苯溶液。

② 将水饱和的甲苯溶液加入两支离心管中。

③ 把离心管放入离心机相对的离心杯中旋转。

④ 记录每个离心管里水分和沉淀物的最终体积。

⑤ 计算原油中水和沉淀物的含量。

三、用抽提法测定油品中沉淀物

① 将经过充分混合后的试样倒入套筒。

② 把套筒放到抽提器中，向锥形烧瓶中加入 200～250mL 甲苯，加热进行抽提。

③ 抽提完毕后，将套筒进行烘干。

④ 称量、记数。

【必备知识】

一、油品脱水方法

1. 蒸馏脱水

蒸馏脱水主要用于制备无水原油，以测定其馏程。

仪器与材料主要包括 500mL 蒸馏烧瓶、1000mL 烧杯、250mL 分液漏斗、油品馏程测定器、蒸馏用温度计、凹型电炉、500W 红外线灯等。

2. 吸附过滤法脱水

对于含水量很少的轻质油品（如煤油、柴油）可将其通过干燥的滤纸和棉花，脱除其中的水分，因为水分很容易吸附在多种干燥物质的表面上。

3. 脱水剂脱水

此法是将脱水剂直接加入试样中进行脱水。

（1）选择脱水剂时的注意事项

① 脱水剂不能与油品起化学反应。

② 脱水剂不溶于试样中。

③ 对石油产品无催化作用，以免发生聚合、缩合、氧化等反应。

④ 价格便宜，容易买到，并可以回收再用。

（2）常用脱水剂的特点

① 无水硫酸钠是一种中性干燥剂，在 32.4℃ 以下生成 $Na_2SO_4 \cdot 10H_2O$，在 32.4℃ 时带 10 个结晶水的硫酸钠将分解。因此，当试样温度高于 33℃ 时，其脱水效果极差。只适用于含水很少的轻质油品的脱水。

② 氯化钙是经常使用的干燥剂之一。使用前必须把它煅烧脱水。无水氯化钙吸水作用慢，需不断振荡。其在 30℃ 以下生成了 $CaCl_2 \cdot 6H_2O$，所以油温低时效果更好。脱水效率还随油品黏度的增大而降低，所以对于黏度高的重质油，应先热至 50～60℃，并用煅烧过的食盐粗结晶处理。

4. 常压加热法脱水

对油品中的乳化水，应将其加热，当温度逐渐升至 70～80℃ 时，油品的黏度降低，出现了对流，乳化液中的细水滴合并为大水滴并沉降至下部，温度升至乳化水与油品分离。当 100℃ 左右，水即可逐渐汽化，从油中逸出；而溶解水在加热至 130～140℃ 时也开始排出。因此常压加热法，不仅能完全消除了油品中的悬浮水分，而且几乎能完全消除溶解水。但这种方法不适用于轻质油品或含有轻质油的原油，因此法会将轻馏分蒸发损失掉。故此法只适宜重质成品油的脱水。

二、油品含水量和沉淀物测定法

1. 原油含水量的测定法（蒸馏法）

测定石油、液体石油产品及天然气的含水量的目的是：保证合格的质量；通过含水量可计算油料实际的质量；在长输管道输送不同油料的操作中，可以判断混油头数量、确定切换流程的时间，因此，测定含水量具有重要作用。

油品含水量的分析测量要求迅速、准确，因此，国家标准 GB/T 260—77《石油产品水分测定法》与国家标准 GB/T 8929—2006《原油水含量的测定 蒸馏法》都规定使用无水且与水不混溶的溶剂，在回流的条件下用加热蒸馏的方法或用离心法，即 GB/T 6533—86《原油中水和沉淀物测定法（离心法）》测定。

在被测试样中加入溶剂使原油或油品的黏度减小，加热使油水密度差增加，这些都有利于沉降脱水。溶剂的沸点范围与水的沸点相吻合，在溶剂被蒸出同时也将水蒸出并破坏乳化膜，但水能全部从油中分离出来。冷凝下来的水和溶剂在接收器连续分离，水沉降至接收器下部（带刻度部分），溶剂返回蒸馏瓶中。最后读出接受器中水的体积并计算出试样中水的体积分数。

（1）仪器设备

国家标准 GB/T 260—77 和 GB/T 8929—2006，对化验时使用的仪器设备的详细规格及装配都作了明确规定，如图 4-1、图 4-2 所示。

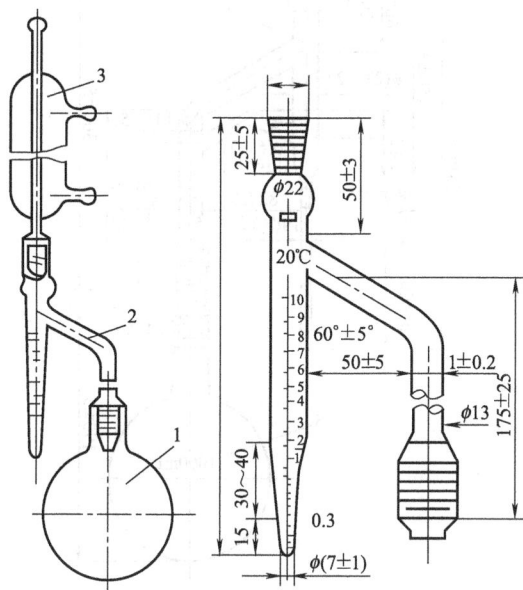

图 4-1 水分测定器示意图
1—圆底烧瓶；2—接受器；3—冷凝管

GB/T 8929—2006 使用的蒸馏仪器包括玻璃蒸馏烧瓶（有标准磨口接头。1000mL 玻璃圆底烧瓶），400mm 长上部带有干燥管的直管冷凝器和经鉴定合格的、最小刻度为 0.005mL，容积为 5mL 的接受器和电加热器。

在初次使用之前要对整套仪器进行标定。标定的方法是在蒸馏瓶中放入 400mL 无水（含水量最多 0.02%）二甲苯，按标准规定的试验步骤进行空白试验。试验结束后，用滴定管或微量移液管把（1.0±0.01）mL 室温的蒸馏水直接加到蒸馏烧瓶中，按标准规定的试验步骤进行空白试验。

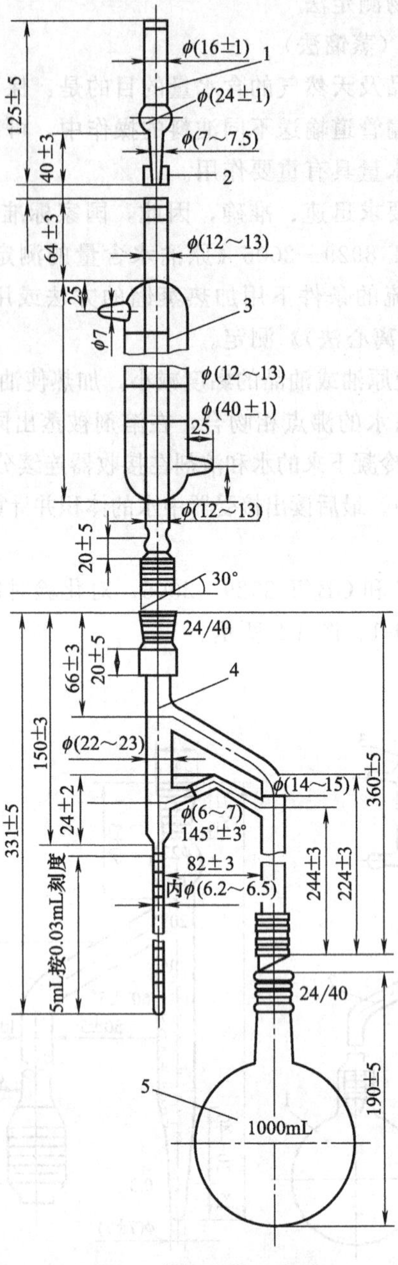

图 4-2 蒸馏仪器示意图

1—干燥管；2—橡皮管；3—冷凝器；4—接受器；5—圆底烧瓶

按以上操作，室温蒸馏水的加入量改为（4.50±0.01）mL 进行空白试验。只有接受器的读数在规定的允许范围内，才能认为整套仪器合格。

如果读数在极限值外，可能是蒸汽渗漏、沸腾太快、接受器刻度不准或外来湿气引起的不正常工作，在重新标定前必须消除不正常情况，直至标定合格才能使用。

（2）试剂

原油水含量测定法规定，使用的二甲苯符合 GB/T 16494—96《化学试剂　二甲苯》、化学纯或 GB 3407—2010《石油混合二甲苯》的 5℃石油混合二甲苯的质量。也可以使用符合 GB 1922—2006《油漆及清洗用溶剂油》要求的 200 号溶剂油作为蒸馏溶剂，但如果对试验结果有争议时，以二甲苯作溶剂的试验结果为准。

石油产品水分测定法规定，溶剂为工业溶剂油或直馏汽油 80℃ 以上馏分。溶剂在使用前均应脱水和过滤。干燥溶剂使用化学纯无水氯化钙作干燥剂。

2. 原油中水和沉淀物测定（离心法）

由于油层地质结构的原因，使一些油田开采出来的原油不仅含有大量的水，而且也含有少量的泥沙等沉淀物（尤其是海上油田所产的原油含沙量较高）。作为商品原油，纯油质量交换计量中在扣除含水量的同时，也要求扣除泥沙等沉淀物。水分可以通过蒸馏法进行测定，而蒸馏对泥沙等沉淀物则难以奏效，为此利用物质的密度差异，采用离心方法将原油中的水和沉淀物加以分离。正是为了这一目的，国家制定并颁布了 GB/T 6533—86《原油中水和沉淀物测定法（离心法）》。

所谓离心法，就是将等体积的原油和经水饱和的甲苯溶液装入锥形离心管中，离心分离后，读出在管底部的水和沉淀物的体积。

3. 原油和燃料油中的沉淀物测定法（抽提法）

原油和燃料油中沉淀物含量的高低，不仅影响原油和燃料油数量计算的准确性，而且对原油加工和燃料油使用都有重要意义。原油中的沉淀物会在炼制加工过程中沉积在炼油设备中，从而影响设备的热效率和加工工艺条件。燃料油（主要指重质的锅炉燃料油、舰船燃料油等）中的沉淀物则会在使用过程中堵塞、磨损喷嘴并沉积在燃料设备中，既影响设备的正常运行，又可降低设备的热效率及增加设备的磨损。因此，原油和燃料油中的沉淀物含量，对于原油加工和燃料油使用都是一项比较重要的质量指标。

采用抽提法测定原油和燃料油中的沉淀物，在英国、美国等国已应用近 60 年。如美国材料试验协会在 1938 年就将此方法列入该协会的标准，即 ASTM D473：1938。国际标准化组织于 1975 年也将此方法列为该组织的标准，即 ISO 3735：1975。

近年来，随着中外合资海洋石油勘探开发工作的开展，海上石油产量剧增，海洋石油中外双方分成问题已提到日程上来。为保证海洋石油计量的准确可靠，我国也制定并颁布了此类标准。

抽提法测定原油和燃料油中沉淀物，概括地讲就是将油品试样装在一个耐火多孔材料的套筒中，用热甲苯抽提，直到残渣达到恒重。用质量分数表示残渣的量。

【考核评价】

考核项目及评分标准

项目	考核内容及要求	评分标准	配分	得分
准备	穿工作服，戴好劳动保护用品，文明操作，遵守秩序，保证操作安全	未按规定正确穿戴劳动保护用品扣 5 分，不文明操作扣 5 分	10	
操作过程	将试样加热到足够流动性，并摇均匀	加热不到足够流动性扣 3 分，摇不均匀扣 2 分	5	
	调整天平零点并称出烧瓶质量	调整天平零点不准扣 2 分，称瓶不准扣 3 分	5	
	在天平右盘中加入同质量砝码，并向烧瓶中倒入试样，使左右两边平衡	试样量 5～50g 称准至 0.2g，试样量 100～200g 称准至 1g，不准扣 5 分	5	

项目	考核内容及要求	评分标准	配分	得分
操作过程	用量筒量取 400mL200 号溶剂油放入烧瓶中,并加入玻璃珠或浮石	量取溶剂油不准或数量不够扣 3 分,未放玻璃珠或浮石扣 2 分	5	
	正确装配仪器,并在冷凝管上端处接干燥管	操作不规范扣 3 分,硅胶变色不更换扣 2 分	5	
	打开冷却循环水,并使水温保持在 20～25℃内	循环水速度控制不好扣 3 分	5	
	打开加热器开关,缓慢加热蒸馏试样	循环水过快扣 3 分,造成冲油不得分	5	
	调整沸腾速度,使冷凝柱不能超过冷凝管内管长度的 3/4,馏出物每秒 2～5 滴	速度控制不好扣 2 分,违章操作不得分	10	
	蒸馏直到接受器外仪器的任何部分都没有可见水,接受器中的体积至少保持恒定 5min 后,用溶剂油冲洗或用刮具除净冷凝管内水滴	不按规定操作扣 6 分,冲洗前必须停止加热至少 15min,否则扣 4 分	15	
	冲洗后蒸馏至少 5min,如果这个操作不能除掉水,用刮具将水刮进接受器中	不按规定蒸馏 5min 扣 6 分,冷凝管内壁水滴刮不干净扣 4 分	15	
	将接受器冷却至室温,读出接受器中水的体积,读准至 0.025mL	不冷却到室温读数扣 2 分,读得不准扣 3 分	5	
团队协作	团队的合作紧密,配合流畅,个人操作能力较好	团队合作不紧密扣 5 分,个人操作能力差扣 5 分	10	
考核结果				
组长签字				
实训教师签字并评价				

【习　题】

1. 油品含水量测定的方法是什么?
2. 测量油品含水量的注意事项有哪些?

任务二　测定油品的密度和温度

【教学任务书】

情境名称	测定油品的含水量和沉淀物		
任务名称	测定油品的密度和温度		
任务描述	通过测量仪器对油品进行密度和温度的测定		
任务载体	密度计、温度计		
学习 目标	能力目标	知识目标	素质目标
	1. 能使用测量密度的工具和测温工具 2. 能使用测量工具对油品进行密度和温度的测定	1. 掌握影响油品密度的参数,认识测量工具结构 2. 掌握一些玻璃测量器皿的使用和洗涤方法	1. 能团结协作,体现团队意识 2. 培养学生的经济意识、安全意识 3. 培养学生敬业爱岗、严格遵守操作规程的职业道德素质
对学生 要求	1. 明确任务 2. 测量密度和温度的工具的结构原理和使用方法 3. 能使用测量工具对油品进行密度和温度的测定 4. 制定出任务实施的方案		

【任务实施】

1. 准备好清洁干燥的密度计、温度计、量筒

要点:密度计、温度计应为经过检验的合格产品。

2. 将试样预热并混合均匀

要点:将试样预热,使其具有足够的流动性,用搅拌棒对试样进行搅拌,使之均匀。

3. 向量筒内倒入试样至规定量

要点:在向圆筒倒入液体时,为了防止液体内气泡的产生和液体的溅出,应将液体沿着玻璃搅拌棒倒在筒壁上,而不是直接把液体冲入筒底。如果液体形成泡沫,必须用过滤纸或玻璃棉、砂芯漏斗把泡沫过滤掉。

4. 将试样放入恒温水浴中,打开恒温器至规定温度

要点:恒温水浴可恒放至±5℃,使试样在测定过程中,温度能稳定在0.5℃内。

5. 向已恒温的试样内插入温度计

要点:使用经检定合格,分度值0.2℃内的全浸式水银温度计。

6. 温度达到规定后,用搅拌棒将液体充分搅拌,将密度计放入装有试样的量筒内

要点:搅拌试样时,搅拌棒不能脱离液面,以免带进空气。可用玻璃温度计代替搅拌棒。

用两指拿住洗净了的浮计干管上端,慢慢地放到液体中。待液面浸没到干管与液体密度相应的分度线上(最好是在这分度线高于液面3～5mm)时,再松开手指,并使浮计在自身重量的作用下自由地漂浮。如果过早放手,会使浮计很快沉底,可能把浮计打破。即使浮计没有打破,也由于干管上过多的被测液体浸湿而增加了浮计的质量,因而造成了测量上的

误差。

　　玻璃量筒其内径比密度计外径大 25mm 以上，高度应使密度计自由漂浮在试样中。密度计放入应使其在自身重力作用下自由下沉、漂浮，对深色油品严禁向下推入。

　　7. 浮计稳定后，读取密度计数值及温度值

　　要点：测定密度时应在无气流、无振动情况下进行。密度计、温度计读数时，不与量筒壁接触。浮计浸入液体 2～4min，使其温度平衡。当浮计完全静止之后，再按分度表进行读数。

　　读数的方法有两种，一般来讲，对于不透明的液体，按弯月面上缘读数，对于透明的液体则按弯月面下缘读数。按弯月面上缘读数时，应背向光线。干管周围形成的弯月面其最高处（上缘），因光线投影出现一条发亮的亮线，所以观察者两眼应稍高于液面，注视这条亮线在浮计分度表上的哪一位置，其位置可以估计到分度值的 1/10。

　　按弯月面下缘读数时，观察者的眼睛必须稍低于液面，这时会看到椭圆形的液面，然后眼睛位置逐渐抬高，椭圆逐渐变小，直至看到椭圆变成一条直线为止。观察出此直线在分度表上的位置，并且估计到分度值的 1/10。

　　每次读数时，密度估读至 0.0001g/cm³ 时，两次之差在 0.005g/cm³ 之内；温度值估读至 0.2℃，两次之差在 0.5℃ 以内。

　　8. 记录、清洗

　　将密度计提取，放开，再测一次，并记录两次密度、温度值；试样测试后，将仪器洗涤干净。

【必备知识】

一、密度的定义

　　单位体积中物质的质量称为密度，用符号 ρ 表示。若用 m 表示物质的质量，用 V 表示物质的体积，则有：

$$\rho = \frac{m}{V} \tag{4-1}$$

　　质量的单位是 kg（或 g），体积的单位是 m³（或 cm³），故密度的单位应是 kg/m³（或 g/cm³）。

　　不同的物质，密度也有所不同。水在常温下的密度为 0.9982g/cm³（常以其近似值 1g/cm³ 表示）；石油及液体石油产品的密度小于 1g/cm³；水银在 20℃ 时的密度为 13.5939 g/cm³，是液体中密度最大者。

　　石油及石油产品的密度与其馏分的轻重及烃类组成有密切关系。馏分越重密度越大，如柴油比煤油的馏分重，柴油的密度比煤油大。石油馏分中碳数相同的烃类，芳香烃的密度最大，环烷烃次之，烷烃最小。如同是 7 个碳的烃类，甲苯 ρ_{20}＝0.8670g/cm³，甲基环己烷 ρ_{20}＝0.7694g/cm³；正庚烷 ρ_{20}＝0.6837g/cm³。我国主要原油中烷烃的含量比较高、密度比较小的大庆原油 ρ_{20}＝0.8615g/cm³，含环烷烃、芳香烃较多的孤岛原油 ρ_{20}＝0.9574g/cm³。

　　石油及石油产品的密度随温度的变化而变化。温度升高，密度减小；温度降低，密度增大。因此，在涉及密度这个物理性质时，一定要注明相应的温度条件。在 GB/T 1884—2000《原油和液体石油产品密度实验室测定法（密度计法）》中规定：原油及石油产品在标

准温度下（我国规定 20℃）的密度称为标准密度，用 ρ_{20} 表示。在某一温度下，用石油密度计测定密度时所观察到的石油密度的读数称为视密度，用 ρ'_{20} 表示。欧美各国常用华氏温度 60℉ $[t/℃=\dfrac{5}{9}(t/℉-32)]$ 表示，如 ρ_{60}（即 15.6℃表示为 $\rho_{15.6}$）。

相对密度是物质的密度与参考物质的密度在对两种物质所规定的条件下的比。

油料的相对密度，是油料密度与规定温度下水的密度之比。由于纯水在 4℃时密度近似为 $1g/cm^3$，故常以 4℃的水为比较基准。相对密度用 d 表示，如 d_4^{20} 指油料在 20℃时密度与 4℃时纯水的密度之比。由于相对密度是两个密度的比值，所以是无量纲的量。欧美各国常以 $d_{15.6}^{15.6}$（华氏 d_{60}^{60}）作为油料的相对密度。

二、密度与温度、压力的关系

1. 密度与温度的关系

① 在测定油品密度时经常是在非 20℃条件下测出油品的视密度，而作为质量指标或参数却要求用标准密度 ρ_{20} 表示。因此，需要将 ρ_t 换算为 ρ_{20}，可通过 GB/T 1885—1998《石油计量表》进行换算。

② 如已知 20℃时油品的标准密度，可用下式计算其他温度下的密度：

$$\rho_t=\rho_{20}-r(t-20) \tag{4-2}$$

式中，ρ_t 为 t（℃）时油品密度，g/cm^3；ρ_{20} 为 20℃时油品密度，g/cm^3；r 为石油密度温度系数。

2. 压力对密度的影响

由于液体几乎是不可压缩的，在温度不高的情况下，压力对液体油品密度的影响可以忽略不计，只有在极高的压力下才考虑外压的影响。严格地说，当密度一定时，随着油品受压程度的增高，体积总是有所减小，因此油品密度就有所增大。应注意的是，如果把装满油品的一段管路或容器的进出口阀门关闭，油品受热时因体积无法改变就会产生极大压力，引起容器爆裂，酿成事故。

三、液体密度测量主要方法及石油密度测定主要标准

测量物质的密度有各种方法，但归纳起来可分为两大类：一是源于密度基本原理公式的直接测量法。就是通过测定物质的质量及其体积得到密度。众所周知，对于质量的测定用天平仪器是容易得到的，而且可以达到预想的准确度。但是对于体积（尤其是任意的、形状不规则的）的测定就不那么容易了，尤其是体积的高精度测定就更困难了。为此，通常采用与已知密度且物化性能稳定的参考物质的密度相比较的相对测量法。基于这种原理的方法主要有流体静力称量法、密度瓶法及浮计法。它们是密度测量中基本而常用的方法。二是利用密度与某些物理量关系的间接测量法，主要用于生产过程中，以达到连续测量、记录和调节密度的目的。例如浮子法、静压力法、射线法、声学法及振动法。能自动连续测量液体密度或者周期性地直接测量物质密度的仪器称为自动密度计。自动密度计通常有指示式和自动记录式两种类型，可以安装在被测物体上或者进行远距离操纵。

自动密度计的准确度一般低于实验室用的其他种类仪器。大部分仪器示值的极限误差为 0.5%～1%，个别的可达 0.1%或 0.05%。自动密度计通常用于在线测量，由于处于不停的运动状态中，因此常带有不稳定性；另外，由于被测定物质（液体、气体等）的状态参数（压力、温度）变化等原因，使其很难达到较高的准确度。

四、石油及液体产品密度的测定

密度测定主要采用韦氏天平法、密度瓶法、振动管法和玻璃浮计法。

1. 玻璃浮计测定法

浮计是液体密度计、浓度计的统称。用于测定各种液体密度、相对密度及浓度的仪器，由于能垂直自由漂浮于液体中而统称为"浮计"。由于它具有结构简单、制造容易、携带方便、使用迅速和测量精度较高等优点，广泛应用于各领域。

2. 浮计的分类

浮计分为固定重量和固定体积两种。固定重量的浮计浸没于液体中的深度，根据被测液体的密度不同而异，而固定体积的浮计浸没于液体的深度则始终不变。

我们一般常用的是固定重量式浮计。固定重量式浮计按用途分为两类。

(1) 密度计

标度是用密度单位刻画的，用于测量液体的密度。例如，石油密度计、乳汁密度计、海水密度计、蓄电池（用）密度计等均属此类。另外，还有供测定酸、碱、盐及其他水溶液密度用的通用密度计。

(2) 浓度计

标度一般是用体积分数或质量分数刻画的，用于测定溶液中物质的浓度。例如测定酒精溶液中无水酒精的体积分数的酒精计，测定糖溶液中纯蔗糖的质量分数的糖量计等。

固定重量式的浮计通常有玻璃的和金属制的两种。大多数情况下采用可以保证较高测量精度的玻璃浮计。特殊情况下，例如合金高温处于液态下的密度测量，需要用具有镀层的钢或钨的合金制成的浮计。

3. 浮计的构造及其作用原理

(1) 构造

玻璃浮计是由载室、躯体和干管三部分组成，如图 4-3 所示。躯体是圆柱形的中空玻璃管，其下端是压载室，在室内填满载重物（如水银、弹粒或金属切屑等），这些重物用胶固物紧密地密封起来，以便浮计的重心下降，使浮计在液体中垂直地漂浮，并且处于稳定平衡状态。在很多情况下，在测定液体密度的同时，还需要测定液体的温度，因此有些浮计内封有温度计。

(2) 原理

浮计制造的依据是阿基米德定律。当浮计浸入液体后，受到自下而上的浮力作用，该浮力等于浮计排开液体的重量。随着浮计浸入液体深度的增加而浮力渐渐地增大，当浮力等于浮计自身重量时，浮计便处于平衡状态。

浮计在平衡状态时浸没于液体的深度取决于液体的密度。液体密度愈大，则浮计浸没的深度愈浅；反之，液体密度愈小，则浮计浸没的深度愈深。浮计就是依此来定度的，即在分度表与液面相重合的

图 4-3　玻璃密度计

地方，标定液体的密度值。由此可知，浮计分度表的上部相当于较小的液体密度的分度，而表的下部相当于较大密度的分度，即浮计分度表上的密度值是从上向下顺序地增大。

【考核评价】

考核项目及评分标准

项目	考核内容及要求	评分标准	配分	得分
准备	穿工作服,戴好劳动保护用品,文明操作,遵守秩序,保证操作安全	未按规定正确穿戴劳动保护用品扣5分,不文明操作扣5分	10	
操作过程	浮计、量筒使用前洗净晾干,向量筒倒试样后,表面有气泡时用滤纸除去	浮计量筒不干净扣4分,气泡除不干净扣6分	20	
	先放温度计等温度稳定后,并在水浴温度±0.5℃内时,放密度计,手要拿住上刻线以上部分,垂直轻放	顺序颠倒扣8分,温度不稳定扣9分,拿错位置扣8分	20	
	低黏试样,放开浮计时要轻轻动一下,以帮助浮计自由漂浮,高黏试样要等足够长时间	浮计靠量筒壁测定扣9分,时间不够长扣11分	15	
	深色液体应看上缘,读准至0.0001g/cm³,温度读至0.1℃	读数方法不对扣13分,读数不准扣12分	15	
	两次密度测定不超过1个最小刻度,温度测定不超过0.5℃	两次测定值超过1个最小刻度不得分,温度超过0.5℃不得分	10	
团队协作	团队的合作紧密,配合流畅,个人操作能力较好	团队合作不紧密扣5分,个人操作能力差扣5分	10	
考核结果				
组长签字				
实训教师签字并评价				

【习　　题】

1. 什么是密度?
2. 用密度计测量油品密度的步骤都有哪些?
3. 玻璃浮计的结构是什么?

计 算 油 量

【情境描述】
学习目标掌握油品静、动态油量的计算方法，熟悉油量的计算公式。

任务 计算立式、卧式油罐油量，计算流量计的流量

【教学任务书】

情境名称	计算油量		
任务名称	计算立式、卧式油罐油量，计算流量计的流量		
任务描述	通过测量的数据、测量结果进行数据的计算和整理		
任务载体	计量数据、计算软件		
	能力目标	知识目标	素质目标
学习目标	1. 能根据实际测量结果进行计算 2. 能使用计算软件进行实际数据的处理和计算	1. 认识拱顶油罐结构及其附件 2. 认识浮顶油罐的结构及其附件 3. 认识铁路油罐汽车及其附件	1. 能团结协作，体现团队意识 2. 培养学生归纳、总结、自我学习的意识 3. 培养学生分析问题的兴趣
对学生要求	1. 明确任务 2. 熟悉数据的计算方法 3. 熟悉计算软件的计算方法 4. 制定出任务实施的初步方案		

【任务实施】

一、计算油品静态计量的油量

① 查看油罐的检尺数据。

② 根据检尺数据，查出相对应的液量。

要点：静态液量根据有关检尺从计量罐容积表中查出。

③ 查出油品的化验结果及密度值、k 值。

④ 根据原油的含水率、密度值、k 值、空气浮力的修正值、液量，利用公式计算油量。

二、计算油品动态计量的油量

① 计算期内流量计计量的油量。

要点：动态液量根据流量计前期读数减去后期读数。

② 查出原油化验结果及密度值、k 值。

③ 根据液量、含水率、密度、k 值、空气浮力的修正值、液量，利用公式计算油量。

👉【必备知识】

一、静态计量的油量计算

根据 GB/T 1885—1998《石油计量表》，油品油量计算公式为：

$$m = V_{20}(\rho_{20} - 0.0011) \tag{5-1}$$

式中，m 为油品在空气中的质量，kg；V_{20} 为油品的标准体积，m³；0.0011 为油品空气浮力修正值，kg/m³；ρ_{20} 为油品标准密度，kg/m³。

二、标准密度 ρ_{20} 的换算方法

从容器内取得油品代表性试样后，在实验室内按 GB/T 1884—2000《原油和液体石油产品密度实验室测定法（密度计法）》或 GB/T 13377—2010《原油和液体或固体石油产品密度或相对密度的测定　毛细管塞比重瓶和带刻度双毛细管比重瓶法》进行密度测定。将在试验温度下测得的视密度值，借助于 GB/T 1885—1998《石油计量表》中的标准密度表换算成标准密度再进行油品质量计算。

1. 具体查表步骤

① 根据油品种类选择相应油品的标准密度表。

② 确定视密度所在标准密度表中的密度区间。

③ 在视密度栏中，查找已知的视密度值；在温度栏中查找已知的试验温度值。视密度值与试验温度值的交叉数即为油品的标准密度。

④ 如果已知视密度值介于两个相邻视密度值之间，则可以采用内插法确定标准密度。但温度值不内插，用较接近的温度值查表。

2. 实例

已知某原油在 40℃下用玻璃石油密度计测得的视密度为 805.7kg/m³，求该原油的标准密度值。

① 查原油标准密度表（见表 5-1）。

② 视密度 805.7kg/m³ 所在的密度区间为 790.0～810.0kg/m³。

表 5-1　《石油计量表》表 59A——原油标准密度（摘录）

温度/℃	视密度 ρ_t'/(kg/m³)			
	802.0	804.0	806.0	808.0
	标准密度 ρ_{20}/(kg/m³)			
39.75	816.5	818.5	820.5	822.4
40.00	816.7	818.7	820.6	822.6
40.25	816.9	818.9	820.8	822.8
40.50	817.1	819.0	821.0	823.0

③ 在视密度栏中没有与 805.7kg/m³ 对应的视密度值，介于 804.0～806.0kg/m³ 之间应采用内插法。查表得 40℃温度，视密度为 804.0kg/m³ 所对应的标准密度为 818.7kg/m³，同温度下，视密度为 806.0kg/m³ 时所对应的标准密度为 820.6kg/m³，采用内插法得视密

度变化 1.0kg/m^3 对应标准密度的变化量为：

$$\Delta\rho = \frac{820.6 - 818.7}{806.0 - 804.0} = 0.95$$

④ 该原油的标准密度值 $\rho_{20} = 818.7 + 0.95 \times 1.7 = 820.3$（$\text{kg/m}^3$）。

三、标准体积的换算方法

在计算石油及液体石油产品数量时，必须将油品在计量温度下的体积换算成标准体积。油品的标准体积用储存温度下的体积 V_t 乘以计量温度下的体积修正系数 V_{CF20} 获得，见下式：

$$V_{20} = V_t V_{CF20} \tag{5-2}$$

而体积修正系数是用标准密度和计量温度查《石油计量表》中的体积修正系数表得到的。

1. 具体查表步骤

① 根据油品类别选择相应油品的体积修正系数表。

② 确定标准密度在体积修正系数表中的密度区间。

③ 在标准密度栏中查找已知的标准密度值，在温度栏中找到油品的计量温度值，二者的交叉数即为该油品由计量温度修正到标准温度的体积修正系数。

④ 如果已知标准密度介于标准密度行中两相邻标准密度之间，则应采用内插法进行计算。温度值不用内插法，仅以较接近的温度值查表。

2. 实例

已知某石油产品的标准密度为 762.0kg/m^3，求该油品从 40℃ 体积修正到标准体积的体积修正系数。

① 查产品体积修正系数表（见表 5-2）。

表 5-2　《石油计量表》表 60B——产品体积修正系数（摘录）

温度/℃	标准密度 ρ_{20}/(kg/m^3)		
	760.0	762.0	764.0
	体积修正 V_{CF20}		
39.75	0.9766	0.9767	0.9768
40.00	0.9763	0.9764	0.9765
40.25	0.9760	0.97641	0.9762

② 标准密度 762.0kg/m^3 所在的密度区间为 $750.0 \sim 770.0 \text{kg/m}^3$。

③ 在标准密度栏中找到 762.0kg/m^3，在温度栏中找到 40℃，二者的交叉数为 0.9764，即为该油品从 40℃ 体积修正到标准体积的体积修正系数。

四、几种罐油品交接油量计算

1. 立式金属罐油品交接油量计算

（1）计算步骤

① 根据油罐内液位高度查该油罐容量表，得到此液位高度下的表载体积 V_B。

② 根据罐底明水高度查该罐容量表，得到罐底明水体积 V_s。

③ 计算装油后油罐受压引起的容积增大值，根据液位高度查静压力容积增大值表，液位高度下装水的静压力容积增大值 V_{ps}，再乘以油品的相对密度，使其换算到该液位高度下

实际油品的静压力容积增大值 V_{pl}，单位准确至升。

即

$$V_{pl}=V_{ps}D_4^{20} \tag{5-3}$$

④ 将罐内液位高度下的表载体积修正到罐壁平均温度下的实际体积 V_t（L）。

⑤ 查《石油计量表》表 60A、60B、60D 体积修正系数 V_{CF20}，计算标准体积 V_{20}，单位准确至升，V_{CF20} 取小数点后第四位。即：$V_{20}=V_t V_{CF20}$。

⑥ 计算油品在空气中的质量，单位准确至千克。有以下两种方法。

a. 使用空气浮力修正值，即：

$$m=V_{20}(\rho_{20}-0.0011) \tag{5-4}$$

b. 使用空气浮力修正系数 F（见表 5-3），即：

$$m=V_{20}\rho_{20}F \tag{5-5}$$

表 5-3　石油真空中质量换算到空气中质量换算系数

$\rho_{20}/(kg/m^3)$	换算系数 F	$\rho_{20}/(kg/m^3)$	换算系数 F
500.0~509.3	0.99770	679.6~719.5	0.99840
509.4~531.5	0.99780	719.6~764.5	0.99850
531.6~555.7	0.99790	764.6~815.7	0.99860
555.8~582.2	0.99800	815.8~874.1	0.99870
582.3~611.4	0.99810	874.2~941.6	0.99880
611.5~613.6	0.99820	941.7~1020.5	0.99890
613.7~679.5	0.99830	1020.6~1100.0	0.99900

（2）对于保温油罐

① 对于无垫水层，但油品中含有一定水分的原油或重质成品油，其在空气中纯油质量计算如下：

$$m=V_{20}(\rho_{20}-0.0011)(1-W) \tag{5-6}$$

$$m=V_{20}\rho_{20}F(1-W) \tag{5-7}$$

式中，m 为油品在空气中纯油质量，kg；V_{20} 为油品在 20℃时的标准体积，m^3；ρ_{20} 为油品在 20℃时的标准密度，kg/m^3；0.0011 为空气浮力修正值；F 为空气浮力修正系数；W 为油品中含水率，%。

$$V_{20}=V_t V_{CF20} \tag{5-8}$$

式中，V_t 为油品在计量温度下的体积，m^3；V_{CF20} 为体积修正系数。

$$V_t=(V_B+V_{pl})[1+\beta(t-20)] \tag{5-9}$$

式中，V_B 为计量温度下查表容积，m^3；V_{pl} 为油罐储油情况下的容积静压力修正值，m^3；β 为油罐材质体胀系数（碳钢材质一般取 $3.6\times10^{-5}℃^{-1}$）；t 为油罐内油品计量状况下的温度，℃。

目前，为降低油品蒸发损耗，原油普遍采用外浮顶油罐储装、计量。因此。在计算浮顶罐内油品质量时，应注意如下几点。

a. 油品交接计量时，最好在交接前后，使浮顶状态保持一致，这样可以避免浮顶本身的状态变化给油品计量结果带来误差。

b. 避开非计量区域，即不能低于正常落在支架上时的最低起浮点。

c. 在浮顶自由浮漂状态下，经计算出空气中油品的质量后，再减去浮顶的自身质量，即为罐内储存油品的实际质量。

② 对于有垫水层，但油品中含有微量水分的轻质油，其在空气中的质量计算如下：

$$m = V_{20}(\rho_{20} - 0.0011) \tag{5-10}$$

或

$$m = V_{20}\rho_{20}F \tag{5-11}$$

其中

$$V_{20} = V_t V_{CF20} \tag{5-12}$$

$$V_t = (V_B + V_{pl} - V_s)[1 + \beta(t-20)] \tag{5-13}$$

式中，V_s 为罐内垫水层体积，m^3。

公式中其他符号意义同前。

虽然油品中含有微量水分，但符合该油品产品质量指标，故微量水分不做扣除。但罐底的垫水量必须从总量中扣除。

(3) 非保温罐

非保温罐主要用于储存、计量轻质石油产品。根据 ISO/TC、28/SC、3/N、366 中的 B2.2 条规定：对于立式金属罐，液面是不允许与罐顶接触的。因此，罐体由于温度不同而引起的变化只对罐内液体产品的截面积有影响，而对高度方向上无影响。

另外，保温罐的罐壁温可用罐内油温代替。而非保温罐，罐的内壁受到油温和外壁环境温度的影响。所以，非保温罐的罐壁温度应是罐内油温、外壁大气温度的平均值，即：

$$t_壁 = (t_油 - t_气)/2 \tag{5-14}$$

根据 ISO 有关标准中推荐，测量罐外大气温度，是在罐四周距罐壁 2m 处测取的算术平均值，也可用油罐附近百叶箱中的大气温度代替。

同时轻质成品油中只含有符合产品质量标准规定的微量水分，一般不做扣除，但对于水垫层，应予以扣除。

依据上述情况，非保温罐内油品在空气中质量计算公式为：

$$m = V_{20}(\rho_{20} - 0.0011) \tag{5-15}$$

$$m = V_{20}\rho_{20}F \tag{5-16}$$

$$V_{20} = V_t V_{CF20} \tag{5-17}$$

$$V_t = (V_B + V_{pl} - V_s)[1 + 2\alpha(t_壁 - 20)] \tag{5-18}$$

式中，α 为钢材的线胀系数，$\alpha = 1.2 \times 10^{-5}℃^{-1}$；$t_壁$ 为罐壁平均温度，℃；V_s 为罐内垫水层体积，m^3。

公式中其他符号意义同前。

值得强调一点的是量油尺的修正问题。

对于立式保温金属罐，由于罐壁温度与量油尺温度相同（都用罐内油温代替），同时量油尺的线膨胀系数 α 与罐壁钢板材质的线膨胀系数相同。所以，罐与量油尺的温度修正可综合考虑。

而立式非保温金属罐，罐壁温度 $t_壁 = (t_油 - t_气)/2$ 与量油尺温度 $t_油$ 不同，不能综合考虑。所以，对非保温罐使用的量油尺，应单独进行修正。修正公式为：

$$H = H'[1 + \alpha(t_油 - 20)] \tag{5-19}$$

式中，H 为量油尺测得的实际高度，m；H' 为量油尺所测高度示值，m；α 为量油尺钢带材质的线胀系数，$\alpha = 1.2 \times 10^{-5}℃^{-1}$；$t_油$ 为罐内油品温度，℃。

公式中其他符号意义同前。

五、流量计计量油量计算

1. 液化石油气、稳定轻烃的流量计计量计算

液化石油气、稳定轻烃的流量计计量计算方法，可执行国家石油天然气行业标准 SY/T 6042—1994《液化石油气、稳定轻烃动态计量计算方法》。该标准规定了用体积量、密度值确定商品液化石油气和稳定轻烃质量的计算方法及技术要求。

该标准规定，被测介质的体积量用容积式流量计测量，密度值用在线密度计自动测量或用压力密度计手工测量。而采用在线密度计自动测量密度值时，适用于 $610\sim700\text{kg/m}^3$ 的密度范围；采用压力密度计手工测量密度值时，适用于 $610\sim700\text{kg/m}^3$（在温度为 15℃ 的条件下）。

质量计算基本公式如下。

① 采用准确度等级不低于 0.3 级容积式流量计配在线密度计（基本误差范围为 $\pm0.0001\text{g/cm}^3$）确定质量流量，按下式计算：

$$m=\sum V_i\rho_i M_F \tag{5-20}$$

式中，m 为通过流量计的液体质量，kg 或 t；V_i 为流量计测量的体积量，m^3；ρ_i 为在线密度计测量的密度值，g/cm^3；M_F 为流量计系数。

② 采用手工测密度值确定质量流量，按下式计算：

$$m=V\rho C \tag{5-21}$$

$$C=M_F C_{tlm} C_{plm} \tag{5-22}$$

式中，m 为通过流量计的液体的质量，kg 或 t；V 为某段时间内流量计测量的累积体积量，m^3；ρ 为液体在 15℃ 和平衡蒸气压下的密度，g/cm^3；C 为综合修正系数；M_F 为流量计系数；C_{tlm} 为流量计中的流体受温度影响的修正系数；C_{plm} 为流量计中的流体受压力影响的修正系数。

注：按该公式计算液体质量时，应先计算综合修正系数 C，然后计算密度 ρ 与综合修正系数 C 之乘积，最后计算质量 m。中间计算结果，修约到 4 位小数，最终计算结果修约到 3 位小数。

其中

$$C_{plm}=\frac{1}{1-(p_m-p_e)F} \tag{5-23}$$

式中，p_m 为液体计量状态下的压力，kPa；p_e 为液体平衡蒸气压，kPa；F 为液态烃压缩系数，10^{-6}kPa^{-1}。F 值可通过 15℃ 时密度值和液态烃实际温度查"液态烃压缩系数表"得到。

2. 原油油量计算基本公式

① 流量计配在线液体密度计计量方式的油量计算按下式计算：

$$m_a=m_g M_F F_a C_W \tag{5-24}$$

$$M_F=1-E \tag{5-25}$$

$$C_W=1-W \tag{5-26}$$

式中，m_a 为原油在空气中的净质量，t；m_g 为质量仪表显示的原油在空气中的质量，t；M_F 为流量计系数（或称仪表系数）；E 为流量计基本误差，%；F_a 为空气浮力修正系数（或称真空中质量换算到空气中的换算系数）；W 为原油含水质量分数，%。

② 流量计配玻璃密度浮计计量方式的油量计算按下式计算：

$$m_a=V_t M_F V_{CF20}\rho_{20} F_a C_{plm} C_W \tag{5-27}$$

$$m_a=V_t M_F V_{CF20}(\rho_{20}-0.0011)C_{plm} C_W \tag{5-28}$$

$$C_{plm} = \frac{1}{1-(p-p_e)F} \tag{5-29}$$

式中，m_a 为原油在空气中的净质量，t；V_t 为原油在计量温度下的体积，m^3；V_{CF20} 为原油体积修正系数（可查 GB/T 1885—1998 中表 60A）；ρ_{20} 为原油在标准温度（20℃）时的密度值，kg/m^3；F_a 为空气浮力修正系数；C_{plm} 为原油体积压力修正系数；0.0011 为空气浮力修正系数；p 为原油计量压力，kPa（表压）；p_e 为原油饱和蒸气压，在计量温度下，饱和蒸气压不大于 101.325kPa 时，设 $p_e = 0$；F 为原油压缩系数，kPa^{-1}。

F 有如下两种计算方法。

a. 公式计算法：

$$F = e^x \times 10^{-6} \tag{5-30}$$

$$x = -1.62080 + [21.592t + 0.5 \times (\pm 1.0)] \times 10^{-5} + 87096.0/\rho_{15}^2 +$$
$$0.5 \times (\pm 1.0) \times 10^{-5} + 420.92t/\rho_{15}^2 + 0.5 \times (\pm 1.0) \times 10^{-5}$$

式中，t 为原油计量下的温度，℃；ρ_{15} 为原油在 15℃ 时的密度，g/cm^3；（±1.0）为当 $t \geqslant 0$ 时为 +1.0，当 $t \leqslant 0$ 时为 −1.0。

b. 查表法即依据原油计量温度 t 和 15℃时密度值，查 GB/T 9109.5—2009 标准中附录 C "烃压缩系数表"。

3. 液体石油产品

液体石油产品主要包括燃料油类和润滑油类。燃料油类作为商品销售的品种，主要有汽油、煤油、柴油和重油。

无论燃料油类和润滑油类，作为商品均以毛油量为准。含水率只是油品品质质量指标之一，而不是数量计量指标。因此，在液体石油产品计量中省去一个计算扣水量的环节。

大宗成品油的油量计算方法主要分为体积计量油量计算和质量计量油量计算。

（1）体积计量

按照 GB/T 17291—1998《石油液体和气体计量的标准参比条件》规定："在计量原油及石油液体和气体产品中，使用的压力和温度标准参比条件应该是 101.325kPa 和 20℃（293.15K）。但是，如果液态烃类在 20℃ 条件下的蒸气压大于大气压力，则标准参比压力应该等于 20℃ 下的平衡压力。"

在 GB/T 1885—1998《石油计量表》（产品部分）规定"在计算产品数量时，产品在计量温度下的体积通常要换算成标准体积。产品的标准体积 V_{20} 用计量温度下的体积 V_t 乘以计量温度下的体积修正到标准体积的体积修正系数 V_{CF20} 获得"，即：

$$V_{20} = V_t V_{CF20} \tag{5-31}$$

根据上述两个国家标准的要求和规定液体石油产品体积计量计算公式为：

$$V_{20} = V_t V_{CF20} C_{plm} \tag{5-32}$$

$$C_{plm} = \frac{1}{1-(p-p_e)F} \tag{5-33}$$

式中，V_{20} 为标准压力（101.325kPa）和标准温度条件下的体积量，m^3；V_t 为在计量温度 t 和工作压力 p 条件下的体积量，m^3；V_{CF20} 为油品体积修正系数，其值可用标准密度和计量温度查 GB/T 1885—1998 中表 A 获得；C_{plm} 为压力修正系数；p 为油品计量压力，

kPa（表压）；p_e 为油品饱和蒸气压，在计量温度下，饱和蒸气压不大于 101.325kPa 时，设 $p_e=0$；F 为油品压缩系数，kPa^{-1}。油品压缩系数 F 值的确定同原油。

（2）质量计量

液体石油产品的质量计量分两种方式：一种是流量计测量油品体积流量，再配人工化验方法测定其密度。利用公式计算其质量，即 $m=V\rho$；另一种是采用质量流量计，直接测定油品的质量数量。

【考核评价】

考核项目及评分标准

项目	考核内容及要求	评分标准	配分	得分
准备	文明操作,遵守秩序,保证安全	不文明操作扣 5 分,不遵守秩序扣 5 分	10	
操作过程	正确选择计算公式。(1)采用空气浮力修正系数进行计算:$m=\rho_{20}V_{20}F$。式中,ρ_{20} 为含水油品标准密度,kg/m^3;V_{20} 为含水油品标准体积,m^3;F 为真空中质量换算到空气中质量的换算系数。(2)采用空气浮力修正值进行计算:$m=(\rho_{20}-0.0011)V_{20}$。式中,0.0011 为对油品密度的空气浮力修正值	公式错误扣 15 分。公式中每一符号代表的意义不清扣 5 分	20	
	查表与读取数据,要求选择正确的相应表格查取修正系数或修正值	表格选择不正确扣 11 分,数据查取不正确的扣 9 分	20	
	计算含水油品质量或在空气中的质量,要求计算准确,按要求保留有效位数	计算不准确的扣 10 分,有效位数保留不对的扣 10 分	20	
	两种计算方法比较,有争议时应以"空气浮力修正系数"计算结果为准	分辨不清的扣 20 分	20	
团队协作	团队的合作紧密,配合流畅,个人操作能力较好	团队合作不紧密扣 5 分,个人操作能力差扣 5 分	10	
考核结果				
组长签字				
实训教师签字并评价				

【习　　题】

1. 油品静态计量的步骤都是什么？

2. 油品动态计量的步骤都是什么？

3. 1号油罐检尺数据为 6330.2mm，温度为 23.2℃，不考虑含水率，求油罐所含油品的质量。

学习情境六

流量计系统的测压、测温和取样作业

【情境描述】

为了确保流量计系统的正常运行，对管路中的石油产品进行监督和管理，在流量计系统中要进行测压、测温和取样作业，保证油品质量安全。

任务　对流量计系统进行测压、测温和取样作业

【教学任务书】

情境名称	流量计系统的测压、测温和取样作业		
任务名称	对流量计系统进行测压、测温和取样作业		
任务描述	掌握测压、测温、取样方法，熟悉测压、测温计量器具的原理及油品在线计量系统中的取样标准，对管线中的油品进行测压、测温和取样作业		
任务载体	压力表、温度表、取样器		
学习目标	能力目标	知识目标	素质目标
	1. 能使用测压、测温和取样的工具 2. 对流量计系统进行测压、测温和取样作业	1. 掌握测压、测温和取样工具的结构原理 2. 掌握测压、测温和取样工具的使用方法	1. 能团结协作，体现团队意识 2. 培养学生的经济意识、安全意识 3. 培养学生分析问题的兴趣 4. 培养学生敬业爱岗、严格遵守操作规程的职业道德素质
对学生要求	1. 明确任务 2. 了解测压、测温和取样工具的结构原理 3. 能对流量计系统进行测压、测温和取样作业 4. 制定出任务实施的方案		

【任务实施】

一、测压

1. 选择压力仪表

要点：压力表选择要合适，根据实际的压力进行选用，所选用的压力表测量范围不能过小或过大。精度为 0.4 级以上。

2. 安装压力仪表

要点：安装压力表要在关闭阀门或隔断压力的情况下进行，不能让杂物进入压力表或阻

隔压力表的测压元件；安装过程中不能振动和敲打压力表，安装后压力表表根无渗漏。压力表表盘方向要便于观察。

3. 启用压力仪表

要点：启用压力表切勿速度过快，要缓慢打开阀门，让所测的压力液体慢慢进入压力表，避免冲击造成压力表的损坏。

4. 读取压力测试数据

要点：视线和表针成一水平位置并正对压力表表盘，估读到指示值的下一位。

5. 记录

记录压力测试数据。

二、测温

1. 选择温度仪表

要点：温度仪表选择要合适，根据实际的温度进行选用，所选用的温度表测量范围不能过小或过大，温度仪表精度为 0.5 级以上。

2. 安装温度仪表

要点：安装时力度适中，避免温度表的振动，安装后表根无渗漏，安装位置要便于观察。

3. 读取温度测试数据

要点：视线和温度计成一水平位置并正对温度表表盘，估读到指示值的下一位。

4. 记录

记录温度测试数据

三、取样

1. 选择合适的取样器

要点：根据取样量选择取样容器，一般取样容器为 1000mL，取样量为 500mL。

2. 根据标准进行取样

要点：取样时，必须先放空，冲洗，然后进行间隔取样，间隔为 1min，油量为 500mL。先缓慢打开取样器前阀门，摇动摇杆，放空冲洗管道，然后用取样容积进行取样。摇动速度均匀，不能过快，快到取样容积时要缓慢操作。取样后关闭阀门。

3. 记录、清洁

记录取样日期、时间、地点、样品、编号及取样人；清洁取样场地。

☞【必备知识】

一、油品压力测量

1. 压力对油品计量的影响

油品的密度不仅与温度有关，还与压力有关。计量中尤其是油品在管道内在线计量时，管线内的油品具有较高的压力。压力高，油品受到压缩，其密度增大；压力小，油品膨胀，其密度减小。所以在进行油品的动态计量时，应考虑压力的影响，并进行压力的修正。在一定的压力情况下，密度小的油品体积变化较大，密度大的油品体积变化较小。

压力与体积的关系通过下式表达：

$$V_{p_t} = V_e[1 - F(p_t - p_e)] \tag{6-1}$$

式中，V_{p_t} 为在压力为 p_t 时油品的体积，m^3；V_e 为在标准参比压力条件下油品的体积，

m^3；p_t 为工作压力，kPa；p_e 为标准大气压力，kPa；F 为石油及液体产品压缩系数，kPa^{-1}。

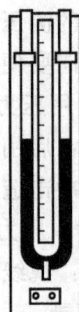

图 6-1　U 形液柱压力计

2. 压力测量的一般方法

压力测量的方法很多，大致可以分为如下几类。

(1) 液体压力平衡法

这类方法是通过液体产生或传递压力来平衡被测压力的方法。属于应用这类方法的仪表有液柱式压力计和活塞式压力计。图 6-1 为 U 形液柱压力计。

(2) 机械力平衡法

这类方法是将被测压力通过一些隔离元件（如膜片、膜盒、波纹管等）转换成一个集中力，并在测量过程中用一个外应力（例如电磁力或气动力等）来平衡这个未知的集中力，然后通过对外界力的测量而得知被测压力值。力平衡式压力变送器就属于应用此法的例子（见图 6-2)。

图 6-2　力平衡式压力变送器

(3) 弹性力平衡法

这类方法在压力测量中应用最广。它是利用各种形式的弹性元件在受压力后产生的弹性变形的大小来进行压力测量的。应用这类方法的仪表很多，若根据所用弹性元件来分，则可分为薄膜式（包括平膜、波纹膜、挠性膜等）、波纹管式、弹簧管式（包括单圈、多圈）压力计；若按测量弹性元件变形的方法来分，则可分为简单机械弹簧式（见图 6-3)、电测变形式（如电阻、电感、感应式、霍尔式、应变式、电容式、振弦式、压电式等）。

(4) 利用其他物理量与压力的关系来测量压力的方法

这类方法是利用某些物质的某一物理量随压力的变化而变化，然后通过测量该物理量的方法来测知压力的。应用这类方法来测量压力（或负压）的仪表有压磁式、压电阻式、热导式、电离式等。图 6-4 为远传电阻式压力表。

图 6-3　弹簧式压力表

图 6-4　远传电阻式压力表

二、油品温度测量

1. 选择温度计

输油管道因输送油料的数量和性质不同，所以管道直径和输油温度也有差异，测温时，选择温度计应符合下列要求。

（1）符合精确度要求

用于油品计量的温度测量，应使用最小分度值为 0.2℃（或更精确）的温度计。

（2）合适的量程

输送油品种类、输油温度范围以及使用的场合不同，温度计的量程选择也会不同。如：大庆原油输油温度在 35～50℃之间；沈北原油输送温度在 55～70℃之间，应选择与其温度范围相适应的温度计。即使在同一管道，首站至末站输油温度在变化，选用温度计的量程也可不同。

（3）温度计的长度要尽量做到全浸

在管道直径太小又需要测温时，应在小工艺管道上接装一扩大管。

2. 感温元件在管道上的安装

① 为确保测量的准确性，要正确选择测温点，测温点应具有代表性，不在死角区，尽量避开有电磁干扰的场合。

② 为使感温元件能够充分感受液体的实际温度，合理地确定感温元件的插入深度。当保护管与管壁垂直或成 45°安装时，保护管的端部应处于管道的中心区域内，该中心区域的直径为管道直径的 1/3。如果保护管与管壁成一定角度或在肘管上安装时，其端部应对着工艺管道中介质的流向。如图 6-5 所示。

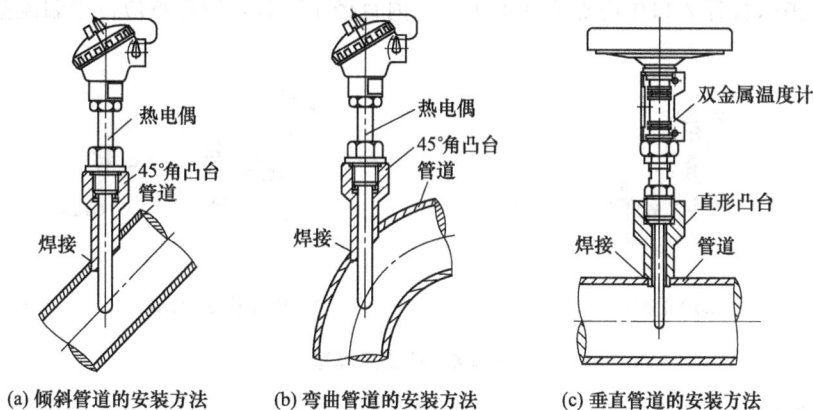

(a) 倾斜管道的安装方法　　(b) 弯曲管道的安装方法　　(c) 垂直管道的安装方法

图 6-5　温度计的常见安装方法

③ 使用水银温度计只能垂直或倾斜安装，并应观察方便，除直角水银温度计外不得水平安装，更不得倒装。

④ 热电偶、热电阻的接线盒出线孔应向下，以防因密封不良而使水汽、灰尘、脏物落入接线盒中影响测量。

三、油品试样取样

1. 管线取样分类

分析化验用的试样是从一定数量的成批物料中采集少量物料，使其能有效地代表成批物料性质供分析化验使用的油品。

由于用途不同试样又可分为以下五类。

（1）用以测定平均性质的试样

① 组合样：按等比例合并若干个点样，所获得的组合样代表整个油品的试样。组合样常按规定的时间间隔从管道内流动的油品中采取的一系列相等体积的点样合并而得。

② 间歇样：由在泵送操作的整个期间内所取得的一系列试样合并而成的管线样。

（2）用以测定某一点性质的试样

① 点样：在泵送期间按规定的时间从管线中采取的试样，它只代表石油或液体石油产品本身在这段时间局部的性质。

② 取样：从管线中的最低点处采取油样。

③ 排放样：从排放活栓活排放阀门采取的试样。

（3）等流样

在石油或液体石油产品通过取样口的线速度与管线中的线速度相等，取样器的方向与管线中整个流体流向一致时，从管线取样器采取的试样。

（4）流量比例样

输送石油或液体石油产品期间，在其通过取样器的流速与管线中的流速成比例下的任一瞬间从管线中采取的试样。

（5）时间比例样

输送石油和液体石油产品期间，定期从管线中采取的多个相等增量合并而成的试样。

2. 取样设备

对于在管内流动的石油和液体石油产品的取样，可采用安装在管线上的管线取样器，如图6-6所示，管道采样器入口中心点应在不小于管内直径1/3处，取样点应位于湍流范围内。

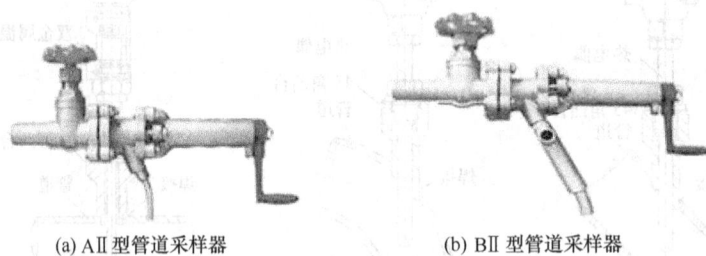

(a) AⅡ型管道采样器　　　　(b) BⅡ型管道采样器

图 6-6　管道采样器

3. 原油管线自动取样器

采集分析化验用油品试样除用手工方法外，对管线输送的原油，需要采取代表性试样时，也可以采用自动取样的方法。

原油自动取样系统由混合装置、取样器、取样控制器、样品接收器和样品容器等组成，如图6-7所示，原理如图6-8所示。

图 6-7　原油自动采样器

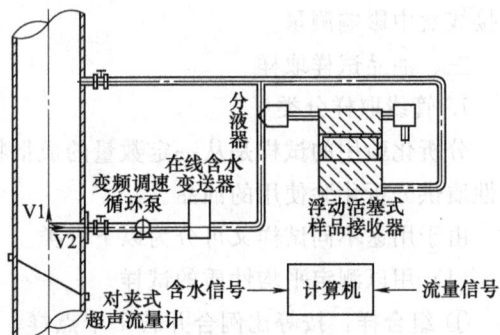

图 6-8　原油自动采样器工作原理

【考核评价】

考核项目及评分标准

项目	考核内容及要求	评分标准	配分	得分
准备	穿工作服,戴好劳动保护用品,文明操作,遵守秩序,保证操作安全	未按规定正确穿戴劳动保护用品扣5分,不文明操作扣5分	10	
操作过程	正确选择测压仪表,安装测压仪表	选用仪表型号不正确扣5分,安装不规范扣5分	10	
	对测压仪表进行正确读数	读数不规范扣5分,读数不准确扣5分	10	
	正确选择测温仪表,安装测温仪表	选用仪表型号不正确扣5分,安装不规范扣5分	10	
	对测温仪表进行正确读数	读数不规范扣5分,读数不准确扣5分	10	
	根据输油量确定取样次数和每次的取样量	计算次数不准扣5分,计算取样量不准扣5分	10	
	打开取样阀,放掉死油150mL后关闭	操作不规范扣5分,死油放不干净扣5分	10	
	打开取样阀用量杯接取规定的试样量	接取试样不符合规定扣5分,计量不准扣5分	10	
	取样要定时、等量,并使样瓶留有1/4的无油空间	不按时、等量取样扣5分,取样瓶空间留的不够扣5分	10	
团队协作	团队的合作紧密,配合流畅,个人操作能力较好	团队合作不紧密扣5分,个人操作能力差扣5分	10	
考核结果				
组长签字				
实训教师签字并评价				

【习　　题】

1. 压力测量的方法都有哪些?
2. 感温元件在管道上的安装形式都有哪些?
3. 怎样利用管道取样器进行管道取样?

操作维护流量计及流量计附属设备

【情境描述】

通过本单元的学习，熟悉并掌握流量计及其附件的分类和主要技术参数，掌握常用的流量计及其附件的工具原理、结构和性能，掌握它们的正确使用和日常维护，能操作维护加压机。

任务一　操作维护流量计

【教学任务书】

情境名称	操作维护流量计及流量计附属设备		
任务名称	操作维护流量计		
任务描述	熟悉并掌握流量计的分类和主要技术参数,掌握常用的流量计的工具原理、结构和性能,掌握它们的正确使用和维护		
任务载体	椭圆流量计、涡街流量计、节流式流量计、转子流量计、质量流量		
学习目标	能力目标	知识目标	素质目标
	1. 能够操作维护各种形式的流量计 2. 能处理流量计故障	1. 认识各种流量计的结构原理 2. 掌握流量计的使用范围和特点	1. 能团结协作,体现团队意识 2. 培养学生归纳、总结、自我学习的意识
对学生要求	1. 明确任务 2. 熟悉各种流量计的原理和结构 3. 操作维护流量计 4. 制定出任务实施的方案		

【任务实施】

一、运行前的检查和准备

① 通液前应检查流量计的安装是否符合说明书的要求，液体的流量、压力和温度范围应符合流量计铭牌上的规定。

② 液体流向应与流量计壳体上箭头所示的方向一致，接线正确。

③ 检查流量计系统的排污阀、放空阀、扫线阀及在线密度计，含水分析仪的进、出口阀门是否关严。

④ 检查表头润滑系统及传动零件，并注足润滑油。润滑油应根据使用温度选用合适的润滑油。

⑤ 检查流量发讯器和流量积算器能否正常运行。

⑥ 检查压力表、温度计是否完好，是否符合准确度要求。

⑦ 记录流量计表头累计计数器和积算器的底数。

二、运行操作

① 启动前应先打开旁通阀，用被测液体或其他流体，冲出管道中的污物和杂质（目的是不要让杂质、焊渣、管锈等损坏流量计）。

② 液流通过流量计时，关闭出口阀门，先慢慢地打开入口阀，观察流量计、附属设备及其连接管线有无渗漏，在工作压力下不渗不漏。

③ 把流量计和系统里的空气慢慢地排出，打开消气器的排气阀。

要点：注意观察当消气器在排出气体后，又接着排出油液时，应立即关闭排气阀。停运消气器，并对其浮球连杆机构进行检修。

④ 缓慢旋松流量计上的放空旋塞排气，待油液从旋塞螺钉间隙排出时，拧紧旋塞。

⑤ 按通流量计仪表电源，使仪表投入运行并记录投运时间。

⑥ 缓慢打开流量计出口阀，并使出口保持一定的背压，观察表头计数器和仪表运行是否正常，同时监听流量计的运转有无杂音，如运转无异常，则应调节流量计的调节出口阀，使流量计在所需的流量范围内运行。

⑦ 注意流量计的前后压差，如流量计的前后压差已达 0.2MPa 时，流量计仍没有启动运转，则应停止投运，立即关闭流量计的进、出口阀门，待查明原因排除故障后，方可继续投运。

三、运行中的监测与记录

1. 监控

监视流量计运行过程中，只要监视运行正常与否即可。

2. 记录数据

要点：当流量计配装指针式小表头时，小表头的示数机构是由指针、度盘和小型的 6 位或 7 位一个或两个机械计数器组成（瞬时和累积量指针指示的是最低位数），指针的示数与机械计数器的示数合起来就是所要求读取的数。例如：指针的指示是 7.2，计数器示数是 0012345，此时，流量计示值应为：001234572。应用时预先记下底数示值，而后开启流量计，计量结束时关闭下游侧阀门，再次读取示值；而后者减去前者，其差值就是这段时间内通过流量计的液体体积总量。

当用大表头机械计数器时，该计数器有两排数字，上部的大数字可复为零，数字用于单次计量。每次计量之前手动回零，停机后读取示数，即是该次计量的体积量。对输油管线来说，这个数字是此次开泵后通过管道的总油量。下面一排 7 位小数字供总计量用，它与上面的一排大数字同步工作，为累积量，不能回零。用于积算一段时间内（一个班次、一天、一星期、一个月）通过流量计的液体总量。其用法是，在仪表投入运行后记录其示值，终了数减去起始数，差值即是通过流量计液体的累积总量。

远传型流量计的示值，仪表计数部分的计数单位和容积信号单位由油量变送器决定，电流输出可根据流量计的脉冲信号，满量程频率进行调整。带调整机构的远传流量计，其示值为远传显示仪表积算的脉冲数乘以厂家给出的系数（每个脉冲代表的容积值）。

不带调整机构（出厂时厂家给出流量系数）的流量计，使用时，根据给定的流量系数，拨动远传显示仪的拨码开关，使拨号与所提供的系数一致。流量计运行时，所显示的示值，就是所需的计量结果。

必要时，可以适当选择和使用倍乘开关，改变显示的计数速度。

四、停运

① 停运前纪录流量计进、出口的压力和温度值。

② 先缓慢关出口阀。

③ 待流量计停运后，纪录流量计累计计数器数值。

④ 关闭仪表电源并记录停运时间。

⑤ 扫线。

要点：停运后应立即进行扫线处理，无论采用哪种扫线方式，其压力、温度、流量都应在仪表所允许的范围之内不应超出，否则极易使转子破碎。扫出流量计内存留的液体，并将流量计前后端盖的放油孔打开，放掉积存的液体，以便下次能正常启动。一般情况下，原油管道夏季超过 24h 冬季超过 8h 则应排污扫线。

⑥ 关闭流量计的进、出口阀门及消气器，过滤器的排污阀、扫线阀等阀门。

五、维护保养

① 保持表头油杯一定数量的润滑油。

要点：当油量减少到油杯容量的 1/4 时，应及时添加，对带有直角杯的表头，每 8h 应添加一次，润滑油为硅油或钟表油。

② 每隔 1h 对流量计、压力表、温度计等仪表、设备巡检一次。

要点：监听流量计的运转是否有杂音，查看表头机械计数器有无卡字、计数不连续等现象，如发现异常应停运该台流量计。

③ 清洗过滤器，保证过滤器处于良好的工作状态。

要点：一般情况，每半年应对过滤器网进行一次检查、清洗，判断过滤器是否堵塞可以从过滤器进出口的压力差来判断，当过滤器前后压差超过 0.05~0.15MPa 时，应及时清扫过滤器，如滤网损坏应更换。

④ 对流量计表头齿轮传动部分，应进行一次彻底清洗、检查、润滑，并在试验台上对表头进行调试。调好后再装到流量计主体上，以备检定。

⑤ 对温度补偿器、准确度修正器应进行检查，并对齿轮传动部分进行清洗润滑。

⑥ 在流量计铭牌规定的流量和压力范围内使用，不要超限。

要点：流量计允许的过载能力是 20%，但不得超过 30min。长期过载运行，将会加速流量计的磨损，并可能降低计量准确度。

⑦ 注意鉴别流量计内部有无异常声音。

要点：如果震动有噪声加剧，就应当停机检查原因。流量计在运行过程中一旦发生故障不能继续使用。应进行检查。

⑧ 不要使流体倒流。

要点：当流量计现场显示器的指针或计数器的字轮反转时的流体已经倒流，应进行检查避免事故。

六、涡街流量计的安装要求

① 涡街流量计上下游要有一定长度的直管段。

② 涡街流量计不应装在温度变化大的区域，也不能装在机械振动和碰撞大的场所。

③ 流体的流向应与仪表壳体所示箭头方向一致。

④ 仪表必须与管道同径（指内径）。

⑤ 流量计可以垂直、水平或其他任何角度安装，但在垂直安装时，流体应向上流动。

⑥ 当需要测量压力、温度时，测压点应装在流量计的下游侧距漩涡发生体 $3.5\sim5.5D$ 的位置，测温点应在流量计的下游侧距漩涡发生体 $6\sim8D$ 的位置。

⑦ 密封垫片不能突入管内。

⑧ 布线时应尽量远离巨大的变压器、电动机和发电机等产生电干扰的设备。如果避免不了，应使用屏蔽线。

七、转子流量计的安装与使用

① 安装转子流量计时，锥管要与水平垂直，流体流向正确，校表前后的管道要有牢固的支撑。

② 若流体温度超过 70℃，在玻璃锥管外应加装保护罩，以防遇冷水而炸裂。

③ 使用时，流量计的正常流量值应选在上限刻度的 $1/3\sim2/3$ 范围内。

④ 如需更改流量计的量程，对金属锥管可用改变锥管的锥度或改变转子的质量来实现，玻璃锥管一般用改变转子质量来实现，但无论采用何种方法都应重新检定后才能使用。

八、腰轮流量计的安装使用

1. 腰轮流量计的安装

① 仪表应根据需要安装固定在任何角度，但使用场所不得有腐蚀性气体。

② 仪表必须安在特制的过滤器后面，以防杂质进入表内而损坏零部件，影响示值精度。

③ 仪表安装前应去除防锈油，同时仔细检查管路，清除杂质。

④ 仪表进出口的密封垫在安装时方可取下，以防杂质落入。

⑤ 流经仪表的流体流动方向应与外壳上箭头指示方向一致。

⑥ 仪表在投入运行前应将指针、计数器拨回零位，严禁工作时拨动。

⑦ 仪表严禁拆封、自行调整器基调整器。

2. 腰轮流量计维护

（1）回零计数器部分

松开计数器上螺钉，拿下计数器。

计数器故障表现有：完成一次循环后不能回到零，或者轮不进位，原因是字轮内的棘爪不能进入回零轴上的槽内，有可能弹簧失效；棘爪掉了或序轮与字轮的间隙太小，回零时字轮与字轮互相卡死，也有可能是六牙小齿轮的齿被打断。齿轮的齿被打断、回零后六牙小齿轮由于弹簧片失效不能复位等。

拆卸步骤如下。

① 取下联轴器与回零轴连接的销子。

② 拧下螺钉取下片簧和压板。

③ 取出回零轴。

④ 检查字轮上的棘爪和弹簧是否正常，齿轮是否完好，如有损坏就得更换。

⑤ 检查小轴上的 3 个六牙小齿轮是否完好，如有断齿和严重磨损就得更换新的。

⑥ 齿轮套这一部分不易出问题，一般不要拆。必须要拆时，可拿起支架整体，用物件托住套子端部，另一端用手压迫齿轮向里动，用镊子钳出两个半边挡圈，然后就可全部拆开。

⑦ 装配时用干净的绒布擦干净或用汽油清洗干净各个零件再装入。各活动部件加轻质

润滑油，使用半年后就应打开罩壳，给计数器各转动部位加润滑油。

（2）计量体部分

计量体是流量计的心脏，如果两腰轮卡死、碰撞或磨损就会使流量计不能计量或计量不准。维修时应注意以下几点。

① 取下计量体盖上的螺钉，拿出腰轮。拿出时，用铅笔在两个相互啮合的齿轮和齿槽上做好记号，便于装入时好识别。否则，装入后不能工作。固定在腰轮上的齿轮一般不要取下。

② 取出计量体盖上的轴承，检查是否严重磨损。

③ 装入前要严格用干净汽油清洗各个部件，腰轮装入后要保证与计量壳体各壁留有间隙。腰轮与各壁无碰撞或摩擦，装完后可用手拨动，看动作是否灵活。

④ 计量仪表全部拆装完毕后，必须进行重新检定。

九、涡轮流量计的安装、使用与维护

（1）涡轮流量计的安装

涡轮流量计是速度式仪表，被测介质的黏度和流动状态对它的计量精度都有影响。为使这些影响减小至最少，应注意以下几个方面。

① 涡轮流量计应水平位置安装，液体流动的方向应与流量计壳体上箭头表示的流动方向一致。如采取倾斜、垂直安装，对其计量性能影响较大。

② 安装地点应选择在便于维修、管道振动幅度小、磁场及热辐射影响弱的场所。

③ 流场的流体速度分布不均匀和漩涡存在是涡轮流量计产生测量误差的主要因素，所以在流量计上、下游必须安装一定长度的直管段或整流器。

④ 为确保流量计正常工作，延长流量计的使用寿命，保证计量精度，进入流量计的液体应清洁，不含气体及固体颗粒。在安装流量计前，必须根据计量液体的清洁程度和含气的情况，选配过滤器和消气器。

⑤ 对易汽化的液体，在流量计下游易产生背压。背压大小为最大流量下流量计压降的 2 倍，加上最高检定温度下检定液体蒸气压的 1.2 倍。

⑥ 温度测量仪表应安装在涡轮流量计下游 $5D$ 处。

⑦ 涡轮流量计的安装应有旁路。

（2）涡轮流量计的使用与维修

① 涡轮流量计计量原油时，必须在工作条件下进行实液检定，保证其使用精度。因此，在选用流量计时，必须考虑检定方法及所需要的检定装置。

② 因涡轮流量计的计量精度受流态的影响，变送器上游直管段和下游的直管段应严格同心组装成一整体，不得随意拆卸。如果流量计要去标定站检定，应将该整体一起拆下一起检定，否则检定结果会因使用条件发生变化而产生较大的误差。因此，涡轮流量计和变送器都必须配套订货，而不是采购单一的变送器。

③ 涡轮流量计的公称直径，一般都要比配管小一级到二级。

④ 涡轮流量计安装无误投入使用时，应首先关闭传感器下游阀门，使流体换面充满流量变送器内，然而再打开下游阀门，使流量计投入正常运行。严禁流量计变送器在无流体状态下受高速流体的冲击。

⑤ 当被测流体的物性参数与标定时的参数发生明显变化时，应按修正公式对其测量结果进行修正。

⑥ 在使用一段时间后，因磨损而致使涡轮流量计不能正常工作，应更换轴或轴承，并经重新标定后方可使用。

⑦ 流量计从管路上拆下暂不用时，应将其内部清洗干净，并封好置于无腐蚀干燥处保存。

⑧ 工艺管道检修时，应将流量计拆下，然后用布把两个端头包好，以免污物、铁屑落入，损坏涡轮叶片。

（3）涡轮流量计的清洗

① 旋出前导流器的压圈，取出前导流器和涡轮。

② 旋出后导流器压圈，取出后导流器。

③ 将导流器、涡轮放入汽油中进行清洗，用小毛刷将轴承内污物清洗干净。

④ 检查轴承磨损情况，轴承和转轴间隙为 0.02～0.03mm，间隙太大应更换。清洗时注意不要将感应线圈上沾上油。

⑤ 清洗晾干后，先将后导流器装入，并将压圈压紧。再装上涡轮和前导流器。

⑥ 压紧前导流器，检查涡轮的运转。

⑦ 将两端用布包好，以防灰尘和杂质进入。

【必备知识】

流体在单位时间内流过管道或设备某横截面处的数量称为流量。该数量可以用体积或质量来表示。流过的速率用体积计算的称为体积流量，单位为 m³/h（米³/时）或 L/min（升/分）。用质量计算的称为质量流量，单位为 t/h（吨/时）。由于是表示单位时间内的体积流量、质量流量，因此称为瞬时流量，而在某一段时间内流经管道的液体的体积流量或质量流量称为累积流量。体积流量用 q_V 表示，质量流量用 q_m 表示。它们之间有 $q_m = \rho q_V$ 的关系（ρ 为流体密度）。

随着科学技术的发展，需要检测的流体品种越来越多，对检测准确度的要求越来越高。因此，人们根据不同测量对象的物理性质，运用不同的物理原理和规律，设计制造出了各种类型的流量仪表。同时，流量计量技术也得到迅速发展。加上流量计的制造工艺不断完善，使流量计的稳定性、可靠性、准确性大大提高，给流量计的使用带来了广阔的前景。

虽然它只能计量流经管道的量，不能计量储罐内的储存量，而且需要定期进行检定，但是由于它使用方便，不需要上罐检尺，直观性强，能直接显示体积量或质量，不受心理因素的影响，因此越来越受到人们的欢迎，被广泛地用来作为贸易、交接的计量手段。

一、流量计的分类及主要技术参数

流量计是测量流量的仪表，它能指示和记录某瞬时流体的流量值，累积某段时间间隔内流体的总量值，可以测量体积流量或质量流量。流量计按照比较常用的测量方法，大体上可以分为容积式流量计、速度式流量计、差压式流量计、质量流量计等类型。

1. 容积式流量计

容积式流量计是以在被计量的时间内，被测流体通过计量室排出的次数作为依据进行测量的。计量室类似于定容量器的测量装置，是流量计的壳体与内部转子之间固定容积空间，它的容积可以经过计算或标定而准确求得。因此只要对转子的转动次数进行累积计数，即能求得流过流量计的体积量。属于这一类型的流量计有：以椭圆齿轮与外壳间的空腔作为计量室的椭圆齿轮流量计；以腰轮和外壳间的空腔作为计量室的腰轮流量计；以两个刮板之间的空腔作为计量室的刮板流量计等，它们显示的是体积量。

2. 速度式流量计

当被测流体以某一流速沿管道流动时，通过置于管道中的测量系统输出一个流速成正比的信号。由于流量与流速有关，因此通过计算可以得出流过管道的流量。常见的有涡轮流量计、涡街流量计、水表等。它们显示的也是体积量。

3. 差压式流量计（节流式）

差压式流量计的历史较悠久，是工业上应用最广的一种流量测量仪表。它是利用流体流经管路中的节流装置时产生的压力差来实现流量测量的。节流装置一般可分为标准孔板、标准喷嘴和标准文丘里管三种。标准节流装置的结构已经标准化，有可靠的试验数据，只要严格遵守加工和安装的要求就可以使用。但由于"严格"两字在现实中很难做到，加上使用时工况条件偏离设计时的条件，所以往往引起较大的测量误差。

它显示的内容是根据设计的要求，可以是体积流量，也可以是质量流量。

4. 质量流量计

质量流量计能测量出被测介质的质量值。

质量流量计可分为两大类。

① 直接式质量流量计：由检测元件直接检测出反映质量流量大小的信号，从而得到质量流量值。

② 推导式质量流量计：采用可测出体积流量的流量计和密度计（或含密度计量的仪表）组合，同时检测出介质的体积流量和密度，通过运算器的运算得出质量流量有关的输出信号。

不管是哪一类质量流量计，它们显示的是真空中的质量。

二、椭圆齿轮流量计

1. 工作原理

椭圆齿轮流量计是一种比较典型的容积式流量计，目前在油库中应用最普遍，常用于计量成品油类流量。如图 7-1 所示。

椭圆齿轮流量计的壳体内装有一对互相啮合的椭圆齿轮，

图 7-1　椭圆齿轮流量计

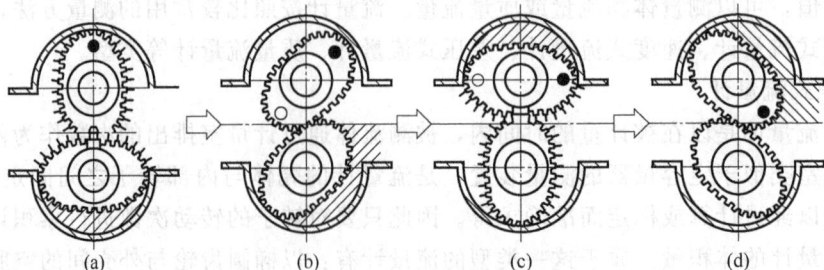

这对齿轮在流量计进出口两端压力差的作用下，交替地相互驱动，并各自绕轴作非匀速旋转。当椭圆齿轮流量计进行工作处于图 7-2（a）状态时，进出口压力差作用在 B（上为 B 轮，下为 A 轮）轮上的合成力矩为零，A 轮上产生一个转动矩使 A 轮（主动轮）作逆时针方向转动并带动 B 轮作顺时针方向转动，如图 7-2（b）所示。当 A、B 两轮处于图 7-2（c）所示位置时，A 轮上所受合成力矩为零而 B 轮（主动轮）上产生一个转动力矩。此时 A、B 两轮的主从关系变换而转动方向不变，随着 A 轮和 B 轮主从关

（a）　　　（b）　　　（c）　　　（d）

图 7-2　椭圆齿轮流量计工作原理图

系的交替变换，被测液体就以新月形计量室的容积为单位一次一次被排出。

因此，只要将椭圆齿轮的转数传输给积算器的指针的数字轮，就能求出被测介质流经流量计的总量。

2. 椭圆齿轮流量计特性

① 计量精度较高，一般为0.5级，如果加工装配能符合要求，可以达到0.2级，可作为商贸计量用；它既可就地显示，又可远传显示。

② 黏度变化时，泄漏量也会变化。黏度越低，泄漏量越大，黏度越高，泄漏量则越小。

③ 由于是两个转子齿轮互相啮合传动，所以排量大的流量计的噪声也相应增大。因此，流量计的流量受到一定的限制。

④ 仪表可以水平安装也可以垂直安装，对前后直管段无要求，但要注意仪表的流向要求。

⑤ 对流体的清洁度要求较高，如果被测介质过滤不清，齿轮很容易被固体异物卡死而不工作，故必须在流量计上游安装过滤器。

⑥ 在超负荷工作时仪表的使用寿命将明显缩短；但压力太小又会影响仪表精度，故要求通过仪表的最小出口压力为0.02MPa。

三、涡街流量计

1. 工作原理

涡街流量计亦称旋涡流量计，是国际上20世纪70年代末才问世的产品，投放国内市场以来深受广大用户欢迎（见图7-3）。它是一种速度式流量计，输出信号是与流量成正比的脉冲频率或标准电流信号，可远距离传输，并且输出信号仅与流量有关，不受流体的温度、压力、成分、黏度和密度的影响。

涡街流量计的工作原理是：在流动的流体中插入一根其轴线与流向垂直的非流线形断面的柱体时，其下游就会产生两排内旋的、相互交错的旋涡列，如图7-4所示。

图7-3　旋涡流量计

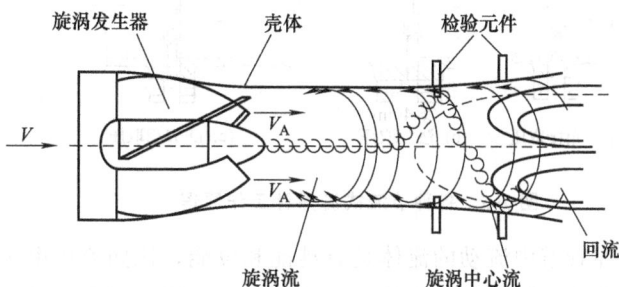

图7-4　旋涡流量计工作原理

若交错的旋涡列满足一定的条件时（雷诺数在$2 \times 10^4 \sim 7 \times 10^6$范围内），旋涡的分离是规则而且稳定的，这就是所谓的"卡门涡街"。

旋涡在柱体两侧交替发生时，有一个与流向垂直的交变应力产生。它通过旋涡发生体两侧引压孔作用在探头上，使探头内部产生交变应力，其频率与一侧旋涡频率相同，并利用在探头内部的压电晶体产生与旋涡分离频率相同的电信号。电信号经转换器处理后，便转换成与流量成正比的脉冲信号，送入流量计算仪进行显示和计算。

2．特性

① 涡街流量计没有转动部件，当流量计的结构确定后，流体振荡（旋涡）就服从一定的规律，振荡频率只随雷诺数变化，与介质的种类及其参数如压力、温度、密度等无关，所以对于不同的测量介质，其仪表常数是相同的。

② 对上、下游直管段长度有严格的要求，安装仪表的管道不能有激烈的机械振动。

③ 为了保证旋涡列有规律性，必须在允许的流量测量范围内使用，即雷诺数的范围。

④ 量程比大，可达（30∶1）～（100∶1），耐受温度也较高，如可达 400℃。

四、节流式流量计

节流式流量计（也称差压式流量计）是使用历史最久、应用最广泛的一种流量测量仪表，同时也是目前生产中最成熟的流量测量仪表之一。

节流式流量计是基于流体流动的节流原理，利用流体流经节流装置时产生的压力差与其流量有关而实现流量测量的，如图 7-5 所示。

节流式流量计由节流装置（包括节流件、即节流元件和取压装置）、导压管和差压计或差压变送器及显示仪表三部分组成。最常用的节流件有同心圆孔板、喷嘴、文丘里管等。

孔板流量计结构与工作原理：它的核心部分是节流装置，如图 7-6 所示。

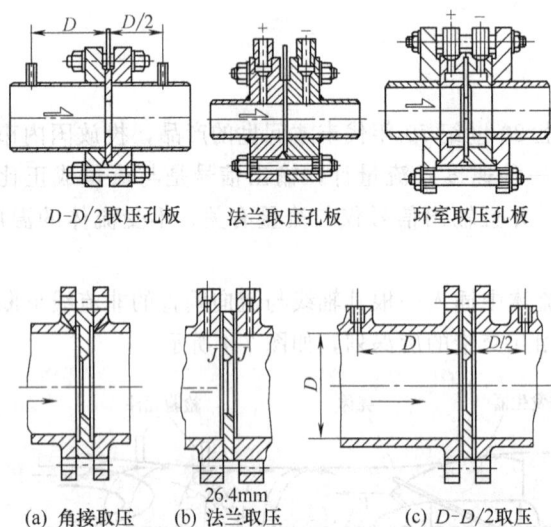

D-D/2取压孔板　　法兰取压孔板　　环室取压孔板

(a) 角接取压　　(b) 法兰取压　　(c) D-D/2取压

图 7-5　各种节流式流量计工作原理

图 7-6　孔板流量计

在管道中流动的流体具有动能和位能，比如流体由于有压力（因液位差、泵、压气机等动力源的作用）而具有位能；又由于它有流动速度而具有动能。这些不同形式的能量在一定条件下可以互相转换，并遵守能量守恒定律。

流体在管道轴向连续向前流动遇到节流件的阻挡，造成流束的局部收缩。在流束截面积最小处流体的流速比管道中流速最大处要大；在流束截面积最小处的静压力比流束截面积最大处要小，也就是流体通过孔板前、后所具有的静压能部分转换为动能而造成孔板前压力大于孔板后压力，产生了静压差。流量与压差的大小有单值函数关系，流量愈大，流束的局部收缩及动能、位能的转化也愈显著，即压差也愈大。所以，只要测出节流件前后的压力差就可求得流经节流件的流体流量。

节流装置有标准节流装置和非标准节流装置。标准节流装置是它们的结构、尺寸和技术条件都有统一标准，有关计算数据都经系统试验而有统一的图表。但在某些场合也可采用称为非标准节流装置或特殊节流装置的其他形式的节流件，如双重孔板、圆缺孔板等。

标准孔板是一块具有圆形开孔、并与管道同心、其直角入口边缘非常锐利的薄板。用于不同管道内径的标准孔板其结构形式基本上是几何相似的。

标准节流元件的研究最充分，取得的数据最完善，并在工业上广泛应用，占流量计总数一半以上。

五、转子流量计

转子流量计（又称恒压降式）也是利用流体流动的节流原理为基础的一种流量测量仪表，如图 7-7 所示。

转子流量计是由一段向上扩大的圆锥形管和密度大于被测流体密度，且能随被测流体流量大小作上下浮动的转子组成，当流体自下而上流经锥管时，转子就因受到流体的冲击而向上运动。转子上移，转子与锥管之间的环形流通面积增大，流体流速降低，直到流体作用在转子上的向上推力与转子在流体中的重力相平衡。此时，转子就停留在锥形管中的某一高度上。如果流量增大，则转子达到平衡时的位置就更高；流量减少，转子达到平衡时的位置就降低。根据转子悬浮的高度就测知流量。

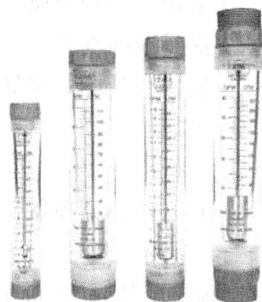

图 7-7　玻璃转子流量计

近年来设计生产出的双转子流量计，具有计量精度高、运转平稳、低噪声无脉动、流量大、寿命长、黏度适应性强的特点，广泛应用于石油、化工、轻工、交通、商业等部门，特别适用于原油、精炼油、轻烃等工业流体的计量。

六、质量流量计

质量流量计是根据科里奥利力原理制造的一种新型的直接测量封闭管道内流体质量流量的测量仪表，其结构一般由信号测量传感器和信号转换器两部分组成。如图 7-8 所示。

由于科氏质量流量计具有能够直接测量流体质量流量、测量准确度高、应用范围广、安装要求低、仪表运行可靠、维修率低等特点，已广泛应用于石油、化工、冶金、热力、电力、食品等领域的流量测量。

图 7-8　质量流量计

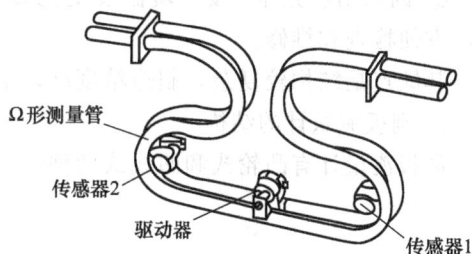

Ω形测量管
传感器2
驱动器
传感器1

图 7-9　质量流量计工作原理

1. 工作原理

在传感器外壳中的流量管振动有它的固有频率。振动管由安装于振动管端部的电磁驱动线圈驱动作近似于声叉的振动。当流体流入流量管时被强制接受流量管的垂直运动。在流量管向上振动的半个周期，流体反抗管子向上运动对其垂直动量的增加而对流量管施加一个向下的力。反之，流出流量管的流体在流量管施加一个向上的力以反抗管子向上振动而对其垂直动量的减少。这便导致了流量管产生扭曲。在振动的另外半个周期，流量管向下振动，扭曲方向则相反。这一扭曲现象被称之为科里奥利现象，如图7-9所示。

根据牛顿第二定律，流量管扭曲量的大小是完全与流经流量管的质量流量的大小成正比的。安装于流量管两侧的电磁信号检测器用于检测振动管的振动。质量流量大小是由这两个信号的相位差来决定的，当没有流体流过流量管时，流量管不产生扭曲，两边电磁信号检测器的检测信号是同相位的，当有流体流过流量管时产生流量管的扭曲，从而导致两个检测信号的相位差，这一相位差直接正比于流过的质量流量。

2. 主要特点

① 适用于多种介质。

② 测量准确度高。

③ 安装直管段要求低。

④ 可靠性好。

⑤ 维修率低。

⑥ 具有核心处理器。

七、刮板流量计

刮板流量计自20世纪70年代末至80年代初期开始在我国石油动态计量上得到迅速的推广和普及，尤其在石油及液体产品的商品计量方面应用得非常广泛，大有逐步取代腰轮流量计、涡流流量计的趋势。以东北原油长输管道系统为例，目前在原油的收、销计量方面100％地使用了刮板流量计。刮板流量计有如下几个方面的特点。

① 由于刮板的特殊运动轨迹，使被测流体在通过流量计时完全不受干扰，漏油量极少，呈流线运动状态。这一特点对提高精度、较少压力损失创造了良好的条件。

② 计量精度高，一般精度可达0.2％，甚至可达到0.1％。

③ 结构设计上机械摩擦小，所以压力损失小，最大流量时，压力损失一般不超过0.03MPa。

④ 适应性强。对于不同黏度以及带有细颗粒杂质的液体，均能保证精确计量。

⑤ 在耐用性、稳定性方面好，使用寿命长。

⑥ 振动和噪声小。

⑦ 因采用双壳体，受环境温度变化影响较小。另外，检修时不受管线热胀和压力的影响，方便检查和维修。

其缺点是结构较复杂，制造精度高，价格也相对较高。

1. 刮板流量计的结构

刮板流量计有凸轮式和凹线式两种形式，如图7-10～图7-13所示。

图7-10　凸轮式刮板流量计

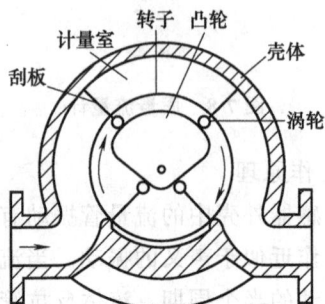

图7-11　凸轮式刮板流量计原理

图 7-12　凹线式刮板流量计

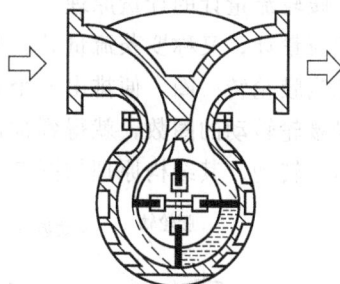

图 7-13　凹线式刮板流量计原理

2. 刮板流量计的计量原理

当被计量的液体经过流量计时，推动刮板和转子旋转。与此同时，刮板沿着一种特殊的轨迹呈放射状的伸出或缩回。但是，每两个相对的刮板端面之间的距离是一定值。所以在刮板连续转动时，在两个相邻的刮板、转子、壳体、内腔以及上下盖板之间就形成了一个容积固定的计量空间，转子每转一圈，就可以排出 4 个（或 6 个）同样闭合的体积——精确的计量空间的液体量。无论哪种形式的刮板流量计，其动作原理都是相同的，如图 7-14 所示。

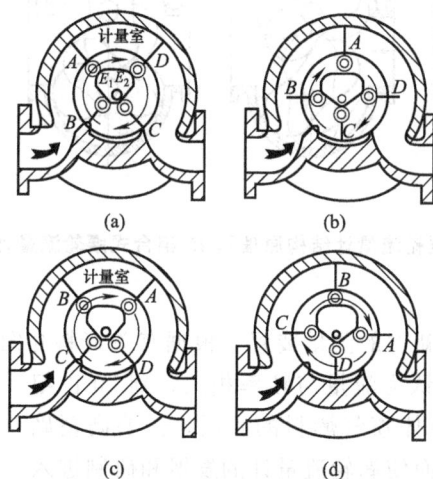

图 7-14　凸轮式刮板流量计动作原理

八、腰轮流量计

（1）腰轮流量计的特点

腰轮流量计从 20 世纪 70 年代得到推广和应用，主要用于原油体积的计量。有如下特点。

① 结构简单，制造方便，使用寿命长。

② 采用摆线 45°角组合和圆包络 45°角组合式腰轮转子，在大流量下基本无振动。

③ 计量精度高，尤其是大口径腰轮流量计，其精度可达±0.2%。

④ 适用性强，对不同黏度的液体，均能保证计量精度。

⑤ 在大流量下，压力损失大于刮板流量计，但一般不超过 0.05MPa。

⑥ 体积较大，笨重。

⑦ 由于是单层壳体，受环境温度影响较大。尤其输送含蜡原油时，更为明显。

（2）腰轮流量计的计量原理

腰轮流量计，又称罗茨流量计，其对液体进行计量，是通过计量室和腰轮（转子）来实现的。每当腰轮转一圈，便排出 4 个计量室的体积量。该体积量在流量计设计时就确定了，只要记录腰轮转动的圈数，就得到被计量介质的体积量。腰轮（转子）是靠液体通过流量计产生的压差转动。其结构原理如图 7-15 所示。

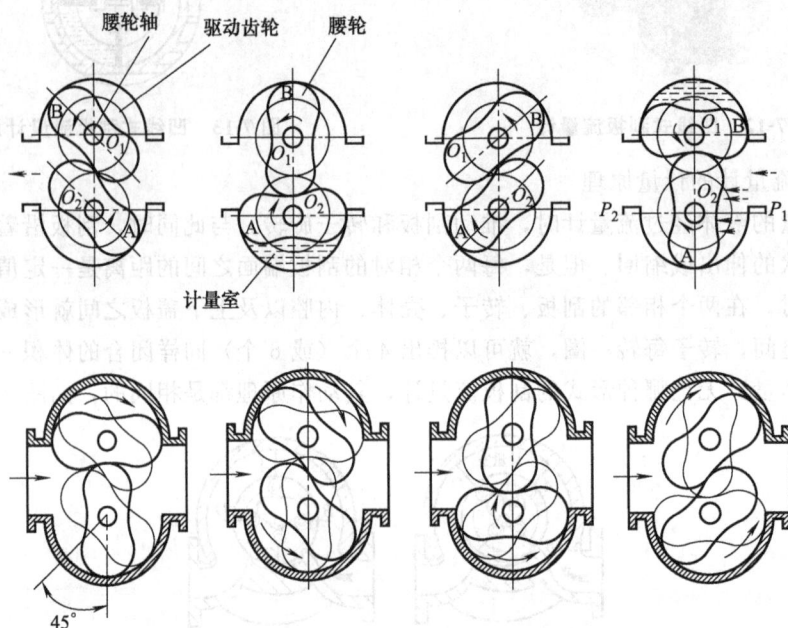

图 7-15　腰轮流量计结构原理和 45°组合式腰轮流量计结构原理

九、涡轮流量计

涡轮流量计并不是一种新型的测量装置，根据有关资料介绍，美国 1886 年已发布过第一个涡轮流量计的专利，并认为流量与频率相关。到 20 世纪 50 年代，由于喷气引擎和液体喷气燃料的发展，需要高精确度、快速反应的流量计，因而使涡轮流量计的发展和研制进入了一个新的阶段，如图 7-16 所示。

1. 涡轮流量计的特点

① 测量准确度高：其基本误差为 ±0.5％～±0.2％，也可达到 ±0.1％。而且在线性流量范围内，即使流量有所变化也不会减低累积准确度。

② 测量流量范围宽：量程比为 10∶1，适用于流量变化幅度较大的现场测量。在同样口径流量计中，它的流量是比较大的。

③ 由于结构简单，运动部件少，所以压力损失小。工作流量下的压力损失仅为 0.015～0.05MPa。

图 7-16　涡轮流量计

④ 耐压高：该流量计的外形简单，容易实现耐高压的设计，故常用于锅炉给水等高压管路中水的测量。另外，涡轮旋转次数由外部非接触式检测，在流体管路和外部空间没有连通器，这也是耐高压的有利条件。有的涡轮流量计耐压可达 16MPa。

⑤ 温度范围宽：如注意选择涡轮的轴承和旋转检测部分，就可以用于很宽的温度范围，既可用于加热重油和原油的高温液体的流量测量，也可用于低温状态下，如液态石油气、液态氮、液态氢的流量测量。

⑥ 仪表元件可用各种抗腐蚀材料制成：可用于酸、碱、油和水等各种介质的流量测量。

⑦ 数字信号输出：易于实现信号远传、自动控制和调节。涡轮流量计的输出是与流量成正比的脉冲信号，所以通过传输线路不降低其准确度，而且容易进行累积显示。此外，这种数字信号适用于作为计算机、定量装货设备、配比系统的输入信号。

⑧ 仪表结构简单紧凑：体积小，重量轻，安装、维修方便。此外，因它无滞流部分，内部清洗也较为简单。

⑨ 仪表重复性好，动态响应好。

2. 涡轮流量计的工作原理

当流体通过叶片与管道之间的间隙时，叶片前后的压差产生的力推动叶片，使涡轮旋转的同时，叶片周期性地切割磁铁产生的磁力线，改变通过线圈的磁通量。根据电磁感应的原理，在线圈内将感应出脉冲的电势信号。信号放大后，送至显示仪表。脉动电势信号的频率正比于涡轮的转数，而涡轮的转数又正比于流体的流量，所以脉冲电势信号频率正比于流体的流量。如图 7-17 所示。

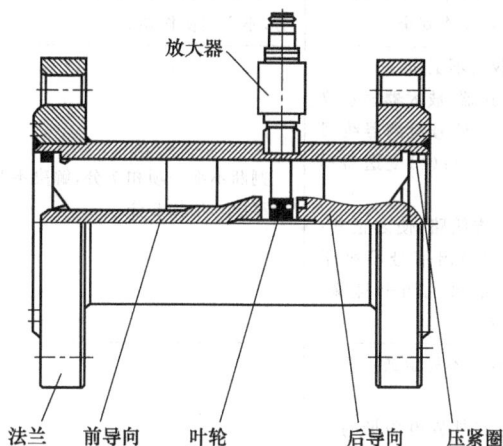

图 7-17　涡轮流量传感器结构

【考核评价】

1. 腰轮流量计启运

考核项目及评分标准

项目	考核内容及要求	评 分 标 准	配分	得分
准备	穿工作服,戴好劳动保护用品,文明操作,遵守秩序,保证操作安全	未按规定正确穿戴劳动保护用品扣5分,不文明操作扣5分	10	
操作过程	缓慢打开流量计的进口阀,观察系统有无渗漏	开阀不符合要求扣5分,稳压时间不到5min扣10分,观察不细出现故障不得分	20	
	打开消气器、过滤器排气阀,拧松流量计上排气阀旋塞,见油关闭	操作不当扣5分,气排不干净扣5分,跑油不得分	20	

续表

项目	考核内容及要求	评分标准	配分	得分
操作过程	缓慢打开流量计出口阀,观察腰轮、表头计数器运行是否正常,记录运行时间	流量计前后压差超过0.2MPa,应停运查找原因,否则扣5分,不会判断运行杂音及问题扣5分	20	
	运转正常后,用秒表确定流量,并调节流量在规定范围内运行	不会使用流量计出口阀调节流量扣5分,不会掐秒表计算瞬时流量扣10分	20	
团队协作	团队的合作紧密,配合流畅,个人操作能力较好	团队合作不紧密扣5分,个人操作能力差扣5分	10	
考核结果				
组长签字				
实训教师签字并评价				

2. 涡轮流量计事故判断及处理

考核项目及评分标准

项目	考核内容及要求	评分标准	配分	得分
准备	穿工作服,戴好劳动保护用品,文明操作,遵守秩序,保证操作安全	未按规定正确穿戴劳动保护用品扣5分,不文明操作扣5分	10	
操作过程	故障现象:显示仪表不工作 原因分析:(1)变送器、放大器显示仪表间断路或短路;(2)信号检测器线回断线;(3)显示仪表故障;(4)变送器本身故障 排除方法:(1)检查线路,使之正常;(2)更换线回,线回输出信号不小于10mV;(3)参照显示仪说明书排除;(4)拆下变送器检查	判断不准一项扣7分,解决不及时造成事故一项扣8分	15	
	故障现象:显示仪表不稳定或不符合流量变化规律 原因分析:(1)存在外界电磁场的干扰;(2)显示仪表故障;(3)叶轮上挂有脏物;(4)前置放大器故障;(5)轴承或轴承严重磨损;(6)流量太小,造成信号太弱 排除方法:(1)将变送器、放大器、显示仪器间导线屏蔽,并将其屏蔽线互相接通,良好接地,远离动力线;(2)参照显示仪表说明书排除;(3)清洗变送器,并装过滤器;(4)检修或更换放大器,放大器输出不小于2V;(5)更换轴或轴承;(6)按正常使用范围使用	判断不准一项扣7分,解决不及时造成事故一项扣8分	15	
	故障现象:当流量计有液体通过时,无流量显示 处理方法:(1)应先检查电源极性和负载电阻是否正确;(2)如果以上两项都无问题,则应检查脉冲发生器元件是否有错	判断不准扣7分,解决不及时造成事故扣8分	15	

续表

项目	考核内容及要求	评分标准	配分	得分
操作过程	故障现象：流量计测量误差大 原因分析：(1)安装不符合要求；(2)电源电压或负载电阻值不正确；(3)存在电磁干扰,可用示波器检查输出波形进行判断	判断不准一项扣7分,解决不及时造成事故一项扣8分	15	
	故障现象：流量较小时输出不稳 处理方法：(1)应检查输出波形是否稳定或受到干扰；(2)检查流量测量范围是否超出流量计的量程下限	判断不准一项扣6分,解决不及时造成事故一项扣14分	20	
团队协作	团队的合作紧密,配合流畅,个人操作能力较好	团队合作不紧密扣5分,个人操作能力差扣5分	10	
考核结果				
组长签字				
实训教师签字并评价				

3. 流量计的维护保养

考核项目及评分标准

项目	考核内容及要求	评分标准	配分	得分
准备	穿工作服,戴好劳动保护用品,文明操作,遵守秩序,保证操作安全	未按规定正确穿戴劳动保护用品扣5分,不文明操作扣5分	10	
操作过程	关闭流量计进出口阀和其他连接阀,开排污阀,启污油泵,将油转走	开关阀不规范扣5分,油抽不干净,跑油不得分	20	
	卸下表头,再打开流量计盖,用天车吊出转子	使用工具不正确扣11分,次序颠倒扣9分	20	
	顺序拆卸,清洗润滑,并摆放整齐,检查"O"形密封圈是否完好,进行流量计进出口阀除锈清洗,更换石棉垫	不会使用专用工具扣5分,摆放不整齐扣5分,保养不合格扣5分,不知道过滤器半年洗一次扣5分	20	
	表头齿轮传动部分应进行一次彻底清洗、润滑,装好后要调试	清洗润滑不合格扣11分,不会调试扣9分	20	
团队协作	团队的合作紧密,配合流畅,个人操作能力较好	团队合作不紧密扣5分,个人操作能力差扣5分	10	
考核结果				
组长签字				
实训教师签字并评价				

[习　题]

1. 简述腰轮流量计的结构原理。

2. 简述质量流量计的原理。

3. 简述刮板流量计的原理。

4. 简述涡流流量计的使用与维护方法。

任务二 操作维护流量计附属设备

【教学任务书】

情境名称	操作维护流量计及流量计附属设备		
任务名称	操作维护流量计附属设备		
任务描述	熟悉并掌握流量计的过滤器结构和原理,熟悉消气器的结构和原理		
任务载体	普通花篮式过滤器、U形过滤器、立式消气器、卧式消气器		
学习目标	能力目标	知识目标	素质目标
	1. 能够操作维护各种形式流量计过滤器 2. 能操作维护流量计消气器	1. 认识各种过滤器结构原理 2. 认识消气器的结构原理	1. 能团结协作,体现团队意识 2. 培养学生的安全意识 3. 培养学生敬业爱岗、严格遵守操作规程的职业道德素质
对学生要求	1. 明确任务 2. 熟悉各种流量计过滤器和消气器的原理和结构 3. 对各种过滤器和消气器进行操作和维护 4. 制定出任务实施的初步方案		

【任务实施】

一、过滤器的维护

① 检查过滤器安装是否正确。

② 检查过滤网是否完好。

③ 检查工艺流程上所配计量器具是否完好。

④ 关闭过滤器进出口阀门。

⑤ 打开过滤器放空阀。

⑥ 拆卸盲板盖。

⑦ 清洗、更换滤网。

要点:在使用过程中,根据过滤器两端压差大小决定是否清洗。

Y形:旋下螺母;取下密封垫;从流量计进口端取下滤芯;进行清洗。

U形:松开螺钉,取下垫网圈;揭开盖;取出密封圈;提出滤芯;进行清洗。若发现滤网破裂,可松开螺钉;换上新滤网。

⑧ 清洗过滤器。

⑨ 装配过滤器。

要点:过滤器安装时,首先将过滤器的封口盖去掉,将防锈油清洗干净(主要视管道所输送油品的质量要求)。

过滤器安装时,将安装的管道冲洗干净,以免杂质进入过滤器及流量计。

过滤器必须安装在流量计的进口端,并注意过滤器外壳箭头与液体流动方向一致。

⑩ 安装完毕后，进行加压密封检查，压力为规定最大工作压力的 1.5 倍，若无渗漏即合格。

二、消气器

1. 消气器的维护

① 检查浮球连杆机构是否完好。

② 检查排气阀。

③ 检修一次浮球连杆机构，如有损坏部件应更换。

④ 扫线时，排气阀应关闭。

⑤ 消气器在运行时应每小时检查一次其运行情况，发现问题及时处理。

⑥ 消气器的维修应安排专人进行并做好记录。

2. 安装与使用要求

① 消气器在管路安装使用时，应按如下顺序安装，即消气器→过滤器→流量计→电磁液压阀，并注意油品的进出口方向应与箭头方向相符。

② 如果被测油品中含有较大的杂质（尤其新竣工的管道），必要时在消气器入口侧加装大网目的滤网。

③ 如果在消气器前面有紊乱流向的因素，或处于半开状态的阀门等，应装设尽量长的直管段，以使油品较平稳地进入消气器。

④ 使用时要注意气体排出口与消气器筒内的压差，防止因浮球阀发生故障而引起消气器压力超过工作压力允许值。为此，应安装安全阀和压力表。

⑤ 在气体排出口暴露于大气的情况下，为防止排出的气体污染空气和发生事故，应装设积气罐。

⑥ 如果油品是高黏度液体，应进行加热和保温，使油的黏度减低至 5×10^{-2} Pa·s 以下，然后再通油。

⑦ 为了提高消气器的分离效率，应在计量开始和结束时，尽量关紧电磁液压阀（如未设电磁液压阀，应控制出口阀）。

⑧ 为避免消气器跑油，排气时用手摸排气管线，感觉排气管线温度变化。如跑油，管线温度较高。

⑨ 停运而需扫线的流量计，为防止污油倒流入消气器，扫线前应将所有排气阀关闭，扫线阀打开。

⑩ 选择消气器，主要根据容积大小决定。而消气器的容积大小主要根据通过消气器的最大流量和所通过油品中所含气量的多少来确定。对于黏度较大的原油，在消气器中停留时间 t 为 20s；轻质成品油在消气器停留时间 t 为 10s 即可。消气器的容积 V 按下式计算：

$$V = q_V t \tag{7-1}$$

式中，q_V 为流量计最大流量，$\mathrm{m^3/s}$；t 为油品在消气器中的停留时间，s。

【必备知识】

一、过滤器结构及原理

流量计的附属设备是指保证流量计的计量精度、延长流量计的寿命和流量计配套完成某特定任务的辅助设备。

1. 过滤器的结构

过滤器主要由筒体和过滤网组成。过滤网做成与筒体同心的圆筒，被计量液体经过过滤网，杂质和脏物被留在过滤网内。当需要清洗时，只要把筒体上盖打开，就能把过滤网提出来清洗。图 7-18、图 7-19 为普通花篮式过滤器的结构。在它的底部有便于过滤器清洗时排出污油的带排油阀的短管。

图 7-18　花篮式过滤器

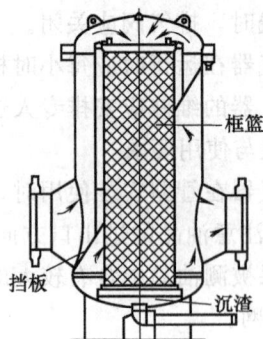

图 7-19　普通花篮式过滤器结构

此外还有 U 形和 Y 形过滤器及适用于高容量情况下的过滤器。如图 7-20～图 7-25 所示。

图 7-20　U 形过滤器

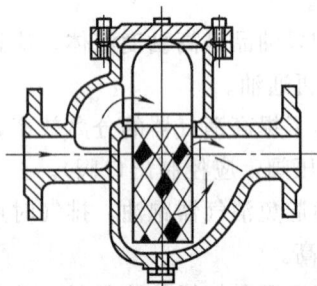

图 7-21　U 形过滤器结构

2. 过滤网目的选择

滤网网目应根据流量计计量室内转动部分和壳体、隔板之间的间隙，以及转动部分与热动部分之间的间隙，被计量油品性质等多方面情况综合考虑确定。如滤网目数太密，压力损失大，而且容易损坏滤网，价格也较高；反之也不能太稀，滤网目数少滤不住杂质，起不到流量计的作用。因此，滤网目数选择一定要适当。

例如对 LLD-300 型腰轮流量计，其转子与壳体之间、转子与转子之间间隙为 0.1～0.2mm，一般滤网目数为 40 目。对于黏度较大的油品选择滤网目数不能太密，否则压力损失大，排量下降。所选择滤网的目数既起过滤作用又不致出现影响流体流速的现象。

所谓目，就是在 25.4mm（1in）的长度上具有的孔数。如 40 目就是在 25.4mm（1in）的长度上具有 40 个微孔。

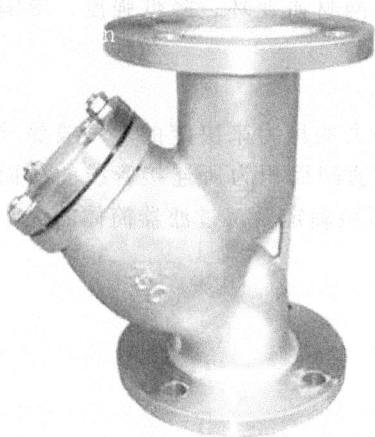

图 7-22　Y 形过滤器

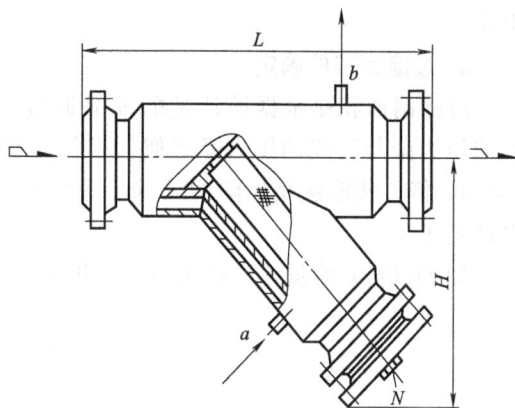

图 7-23　Y 形过滤器结构

图 7-24　高容量过滤器

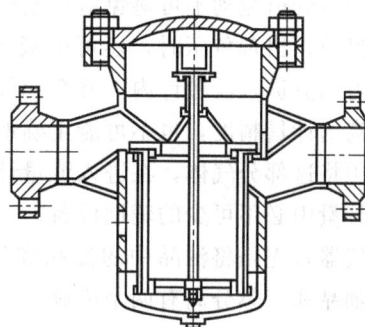

图 7-25　高容量过滤器结构

前面已叙，选择多少目的过滤网，就是根据流量计内部转子与壳体之间、转子与转子之间的间隙。如果间隙五位 0.2mm，则过滤网目数 $\geqslant \frac{1}{3} \times \frac{25.4}{0.2} \approx 42$（目）。如果间隙为 0.3mm，则过滤网数 $\geqslant \frac{1}{3} \times \frac{25.4}{0.3} \approx 28$（目）。

无论是成品油管道，还是原油长输管道，由于进行管道工程施工作业，或一些设备的安装和拆卸，难免有焊渣、砂石、杂物等掉入管道之中。这些杂质随油流运行，经各个计量环节或进入生产装置或销售卖出。若各个计量环节缺少滤网，或滤网目数不符合要求，有可能产生如下问题。

① 损坏流量计，造成计量纠纷。

② 计量不准，不利于生产过程控制，易发生产品质量安全事故。

为确保准确计量，保护计量设备，应做到以下几点。

① 根据流量计口径、形式及内部零部件间隙，配备具有合适过滤网的过滤器。

② 建立过滤器定期清洗制度。清洗根据是流量计计量系统的进出口压差。对于腰轮流量计系统压差不大于 0.15MPa；对于刮板流量计系统压差不大于 0.12MPa；对于速度式流量计（如涡轮）系统压差不大于 0.1MPa。超过上述压差就应停运清洗。

③ 过滤器清洗方法有两种：一种是用蒸汽吹扫（适用于含蜡油品）；另一种是将滤网取出，用汽油（或柴油）浸泡后清洗。

一般禁止用明火烧过滤器网，以防因火烧而使滤网材质变坏，降低强度，影响使用寿命。

3. 过滤面积的确定

过滤网面积是根据被计量的油品通过过滤器所损失的压力来决定的。一般要求过滤器的压力降与管线的压力降近似。根据经验数据，过滤网面积为所连接管线的截面积的10～15倍，就能满足压降的要求。过滤器的过滤网面积确定后，过滤器筒体的大小就可以确定了。

如 ϕ150mm 流量计，过滤网总面积为：

$$S = 10 \times \frac{\pi}{4} D^2 \tag{7-2}$$

$$S = 10 \times 0.7854 \times 0.15^2 = 0.177(\text{m}^2)$$

二、消气器的结构及原理

油品沿管道流动不可避免地会遇到拐弯、爬高、节流等情况，溶解气就会跑出来变成自由气。另外，出现负压时，还可能吸入一部分空气。这些气体在管道中已经占有一定的空间，随着油流进入流量计内，就会把气体也当成油品进行计量。在这种情况下，尽管流量计具有较高的计量精度，也不可能正确地计量出油品的体积量。因此，要确保流量计的计量精度，必须将这部分气体，在进入流量计之前，从油品中排除掉。消气器就是起这个作用，它是油品计量中必不可少的辅助设备。

消气器首先是将油品中的油品和气体分离开，然后是将分离出来的气体，从油品中排掉。使油品和气体分离有两个措施：一是让进入消气器的油流撞击斜挡板，使油气分散；二是改变油流的方向，使油、气速度不等，为油气分离创造有利的条件，使油品中的自由气和部分溶解气从油品中跑出来。这些气体上升到消气器的顶部，逐渐形成一个气体空间，出现油气界面。随着气体空间的扩大，油气界面下降。油气界面下降到一定程度，安装在消气器内的浮球连杆机构动作，打开排气阀或给出开阀信号，使有关的控制阀打开，排出气体。

随着气体的排出，油气界面上升，气体空间逐渐缩小，到一定程度，浮球连杆机构动作，使排气阀关闭，完成一次排气。

1. 工作原理

消气器工作原理示意如图 7-26 所示。当含有气泡的油品顺输油管道进入消气器，在容器底部遇到中间筒底的斜板而形成涡流，又沿着中间筒外围的环状空间上升到容器的上部。之后，液体落入中间筒，同时气泡便从液流中浮起，从而被分离出来。

由于消气器容器（壳体）有足够大的容积，使油品在进入消气器之后流速显著降低，有利于气泡的分离逸出。

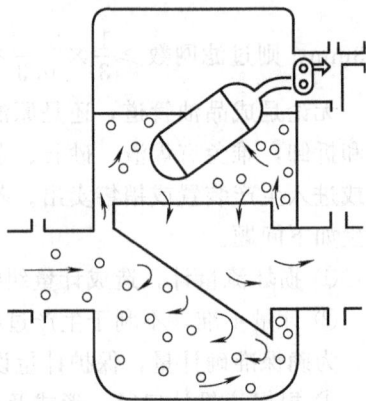

图 7-26 消气器原理示意

中间筒是与出口相连接的，不含有气体的油品便从出口流出消气器。被分离出来的气体在容器上方聚集，随着气体的积累，体积增大，使油面下降。在容器上方的一侧，装有浮球式液面控制阀。当液面下降到低于某一高度时，与液面同时下降的浮球，通过连杆带动，使控制阀开启，容器上部集结的气体随之排出容器外。

随着气体的排出，液面便又重新上升，浮球也随液面浮起，在浮球机构带动下，使控制阀重新关闭，气体又不断被分离出来在容器上部集结，重复上述动作，气体便不断被分离出来，又不断自动排出。

2. 结构

消气器分立式和卧式两种。卧式消气器的除气效果较好，但是占地面积大。

（1）立式消气器

立式消气器由壳体、浮球阀和中间筒几个主要部分组成。如图7-27、图7-28所示。

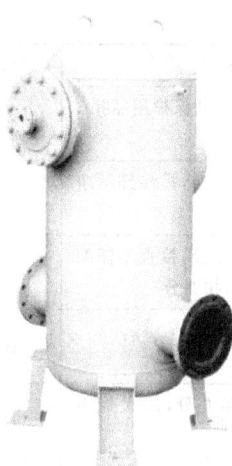

图 7-27　立式消气器

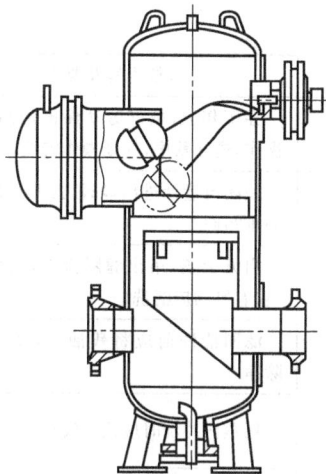

图 7-28　立式消气器结构

壳体要承受被计量油品的工作压力，形成满足消气器要求的空间。中间筒为油气分离创造了有利条件，当油品从进油口方向流进消气器时，首先撞击中间筒下面的斜板，使油流分散，再沿中间筒和壳体之间的环形空间上升，到中间筒上部改变流动方向从中间筒内流出消气器。

浮球阀是由浮球、连杆、阀杆、阀芯和阀座等构成。阀座为主阀，阀杆和阀芯构成副阀。

当浮球随油气界面上、下运动时，可控制主阀和副阀的开关，达到排气的目的。

浮球连杆控制阀的开关，由于油、气密度相差很大，浮球在油品中承受的浮力大于充气空心球体的重量时能浮起。

图 7-29　卧式消气器

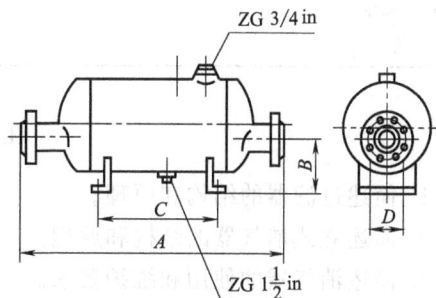

图 7-30　卧式消气器结构

（2）卧式消气器

卧式消气器主要由壳体、浮球阀和隔板等组成。简体和浮球阀的作用与立式消气器相同。隔板是用来分离和收集气体用的。

卧式消气器的浮球阀的结构及动作原理如图7-29、图7-30所示。还有一种是在消气器内的油气界面上安装浮球连杆，控制消气器外面的排气阀。当油气界面达到一定高度时，浮球连杆将排气阀打开排气，排到一定程度，将排气阀关闭。这种形式对凝固点高、黏度大、含蜡多的原油是适宜的。

【考核评价】

考核项目及评分标准

项目	考核内容及要求	评分标准	配分	得分
准备	穿工作服，戴好劳动保护用品，文明操作，遵守秩序，保证操作安全	未按规定正确穿戴劳动保护用品扣5分，不文明操作扣5分	10	
操作过程	关闭流量计进出口阀，打开过滤器底部排污阀	操作方法不正确扣5分，污油排不净扣5分	10	
	启开上盖，吊出滤网检查，损坏要更换，有脏物应清洗	开盖方法不正确扣2分，检查不仔细扣3分，使用工具不当扣2分	10	
	滤网清洗前应将残油、残蜡用铁铲除净	残油残蜡除不干净扣5分	10	
	用蒸汽冲洗时应注意安全	用其他方法清洗扣6分，用火烧不得分	10	
	使用消气器应检查浮球连杆机构完好，使用时将排气阀打开，跑油关闭	使用前未检查浮球连杆机构扣5分，开阀方法不对扣5分	10	
	消气器在流量计扫线时，排气阀应关闭，每年检修1次，安全阀1年校对1次	流量计扫线时，不知道关排气阀扣2分，不知检修周期扣3分，不知道定压周期扣5分	15	
	消气器应正确地安装在流量计进口，在管路上运行时应每小时检查1次	不知道消气器安装位置扣5分，不知道巡检时间扣5分	15	
团队协作	团队的合作紧密，配合流畅，个人操作能力较好	团队合作不紧密扣5分，个人操作能力差扣5分	10	
考核结果				
组长签字				
实训教师签字并评价				

[习　题]

1. 简述过滤器的结构和原理。
2. 简述立式消气器的结构和原理。
3. 简述消气器的使用和维护要求。

任务三　使用、维护加油机

【教学任务书】

情境名称	操作维护流量计及流量计附属设备		
任务名称	使用、维护加油机		
任务描述	熟悉并掌握加油机的结构和原理,对加油机进行操作和维护		
任务载体	加油机		
学习目标	能 力 目 标	知 识 目 标	素 质 目 标
	1. 能够操作加油机 2. 能够维护加油机	1. 认识各种加油机的结构原理 2. 认识加油机内部构件的结构原理	1. 能团结协作,体现团队意识 2. 培养学生的经济意识 3. 培养学生对油品计量的诚信意识和质量意识
对学生要求	1. 明确任务 2. 熟悉各种加油机的原理和结构 3. 能够操作和维护加油机 4. 制定出任务实施的方案		

【任务实施】

一、加油机的使用

1. 加油准备

(1) 将加油枪从加油机的枪座上取下

要点：加油枪取下时，杠杆摇臂机构摆动了一个角度，此动作操纵行程开关启动电机。

(2) 清零计数器

要点：机械计数器有两种回零方式：一种是手动回零，此方式需将计数器回零手柄按箭头所示方向摇动，直至计数轮各位全部复零；另一种是自动回零，当油枪从加油机的枪座上取下时，杠杆的摆动使得计数器的控制轴转过了一个角度，使复位机构开始复位动作，清除现有计数值。

电脑加油机的复位也可在摘枪时触动复位开关，使计数器复零或直接接动复位按键复位。在计数轮回零的过程中，油枪开关不应打开。

(3) 计数

输入加油的体积数或钱数。

2. 加油

① 将油枪嘴插入受油容器中，然后压下油枪开关于柄，打开油枪开关。

要点：电脑加油机在首次使用时，应将控显箱打开，接上电池，以保证加油机断电后由电池向主机板供电，用于保持电脑累计数和单价等数值。

打开加油枪开关，计数器随之计数并进行油量的累积。油枪开关开启的大小可控制供油快慢。

② 观察计数器读数。

③ 即将达到需要量时，松开油枪开关手柄开关，减小供油量。

④ 达到供油量时关闭加油枪开关，加油停止。

要点：用电脑加油机进行加油时，输入油量和钱数后，到达指定油量，加油枪开关自动关闭。

⑤ 将油枪放回原处，电机便自动关闭，整机停止工作。

二、加油机的维护

加油机应保持外壳美观、整洁，需经常擦拭、打蜡，及时清除水汽，防止生锈。严冬降临前，应将加油机的内部机件拆洗，用保护套加以保护，以防止加油机的内部存有积水造成冻裂机件。

① 检查泵运转是否灵活均匀，有无异常杂音，轴端及泵盖有无渗漏。

② 清洗油泵滤网，保持畅通。

③ 检查皮带轮的松紧度，并做适当调整。

要点：传动三角胶带松紧要适当，若太紧，容易造成电机轴承及油泵轴承、油封等的损坏；若过松，皮带在带轮上打滑，造成油泵不供油或供油不足。

④ 检查油气分离器内过滤器的清洁并进行清洗。

要点：清洗时用洗油洗涤由铜丝滤网及毛毡组成的滤芯，并打开油堵清除腔内污物。过滤器位于加油机正面，清洗前先关闭进油口球阀，然后卸下油滤盖，取出滤芯。

⑤ 加油枪顶杆处加注润滑油。

⑥ 检查加油枪顶杆下部的"O"形密封圈及自封油枪的钢球、自封杆、开关膜片，损坏严重时应更换。

⑦ 对机械式计数指示装置进行除尘。并在计数器、复位传动机构以及其余外露的有相对运动的部件加注润滑剂。

要点：在依靠摩擦而工作的如字盘轴等几处应免加润滑剂，否则会破坏其有效工作。

⑧ 检查流量计准确度，发现超差应立即停运。

⑨ 检查油枪与主机间的导电性能。

要点：防止加油机输油胶管胶层内设有导静电的导线接触不良、折断或油枪静电打火。

【必备知识】

一、燃油加油机的发展过程及趋势

1. 燃油加油机的发展过程

燃油加油机是随着汽车、车用燃油及公路交通事业的发展而产生和发展的。

世界上最初的加油机诞生于20世纪初，实际上是手摇吸油泵和量筒的组合体。用于摇油泵将油抽至一个带有体积刻度的透明圆筒中，从圆筒上读取油的体积值，然后依靠自重经管道流至汽车油箱。

20世纪20～30年代，手摇泵改进为电动抽油泵，透明量筒被带指针读数的流量计取代。到40～50年代，加油机仍为机械式单泵、单枪结构。指针式计数器发展成字轮式计数器，其功能由仅能指示体积量扩展为能计量体积、金额指示、调节单价的现代化机械计数装置。到60年代末期，出现了双泵、双枪结构，这一时期的加油机的油泵、流量计、计数器等主要机械部件的质量水平已经大大提高。

20世纪70年代，电子工业的迅速发展促进了加油机显示、操作、控制管理技术的进步，各种电子显示技术、预置加油技术及80年代以来的油气回收密闭加油技术、油卡信用卡技术、多枪组合加油技术等都迅速发展起来。同时，与加油站管理现代化相关的技术，如可控制数十台加油机的中央管理机、储罐燃油的监视系统、加油站的账目结算、安全报警及服务技术设备也都随之发展起来。

2. 燃油加油机的发展趋势

随着计算机技术的发展和电脑加油机的使用，加油站的加油机控制、管理等引用了电脑系统，使加油站的工作效率得到了大幅度提高。

（1）加油机的集中控制管理

由于一般加油站均有 3～4 台加油机，所以集中控制、电脑管理将是加油站发展的必然趋势。中央控制机可以与多台电脑加油机相连构成计算机局部网络，可由一人在室内控制不同油品的多台加油机进行任意加油或预置加油。能在同一屏幕上显示每台加油机的实时状态、加油机是否正在加油、是预置加油还是任意加油、售油的单价和加油金额、油品的密度等信息。可以对各种加油机、不同油品、不同单位的情况自动计价分类统计，并可打印出各种报表。还具有修改各种加油参数和核查各油罐储存油量等功能。

（2）IC 卡加油机系统

随着各种磁卡技术的成熟，为了便于客户结算并有利于加油站的核算和管理，国外正将此技术广泛应用于加油站，国内也开始使用。

在加油时用户只要将 IC 卡插入加油机上的卡槽，便可拿起油枪自行加油。加完油，放回油枪，同时电脑会自动在 IC 卡上减去所加燃油的金额数，并显示 IC 卡的剩余金额。一般 IC 卡为重复使用式卡片，卡内金额用完后，可以通过 IC 卡发行机构增加卡内金额。这项技术有利于加油站的管理，方便了用户。

（3）多枪组合加油技术

为了有效地利用资源，提高加油速度方便客户，从 20 世纪 80 年代后逐渐发展出单泵多枪、多泵单枪和多泵多枪等各种形式的加油机。这些种类的加油机灵活性好，适应性强。

二、燃油加油机的结构及工作原理

1. 整机结构

燃油加油机（简称加油机）主要由流量计、辅助设备及附加设备组成。

（1）流量计

流量计由测量变换器和计数指示装置组成。

测量变换器也称为流量传感器或流量变送器，是流量计的一次元件。根据各种不同的测量原理，将与流经流量计的燃油流量信号相关的机械变化量（旋转的或位移的）或其他物理量转变成电信号（数字的或模拟的），传输给计数器进行计数，并用指示装置显示。

计数器是按测量变换器的输出信号进行计数，而指示装置则是连续显示计数器的记录值。按计数和显示形式的不同，加油机可分为机械显示加油机、电子显示加油机和电脑控制加油机等。

（2）辅助设备

辅助设备是用以实现加油机特殊功能的设备，主要有以下几部分：

① 回零机构；

② 总量指示装置；

③ 付费金额指示装置；

④ 预置装置；

⑤ 打印装置。

辅助设备的这五个部分中，回零机构和总量指示装置是加油机必备的，其余三个部分可以根据加油机的不同功能进行配置。

（3）附加设备

附加设备是用以保证正确测量和正常运转的部件或装置。主要有以下几部分：

① 油泵；

② 油气分离器；

③ 过滤器；

④ 视油器；

⑤ 输油软管；

⑥ 油枪。

2. 工作原理

（1）机械显示加油机

当提起油枪时，首先启动复位电机，使计数器回零。然后启动主电机，带动油泵转动。

油在负压作用下从地下油罐经加油机挠性管吸至油气分离器，油在低压腔内经过滤器过滤后压到高压腔内进行分离，将分离出的气体排除机外。油在高压推动下送入流量计进行计量，并经输油胶管进入油枪，打开油枪即可对各种机动车辆加油。同时，测量变送器的连杆带动计数器计数，并在指示装置上显示出所加油量。机械显示加油机现在使用的比较少，基本已经被电脑控制加油机所取代。

（2）电脑控制加油机

电脑控制加油机也称电脑加油机。如图 7-32、图 7-33 所示。接通电源后，电脑系统开始工作，大液晶显示器上显示出前次加油量，小液晶显示器上显示总量。这时可按照定量加油和非定量加油两种方式进行加油操作。工作原理见图 7-31 所示。

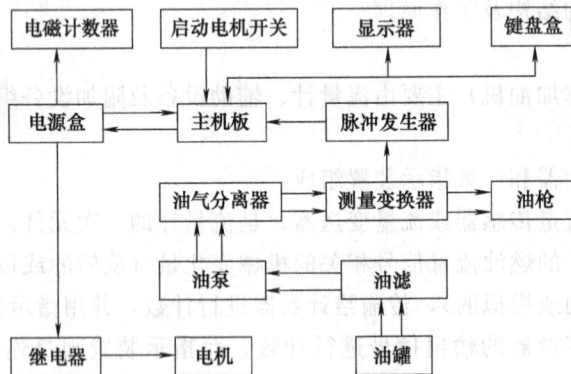

图 7-31 电脑加油机工作流程

定量加油时，启动电机开关应在"OFF"位置。这时在键盘上用数字键置入定量的加油数值，在显示器上应显示所置入的定量加油数值。将启动电机的开关打到"ON"位置，电机开始启动。

如果是定量加油，则直接将启动电机开关打到"ON"位置，启动电机。

电机启动以后，显示器清零，做好计量前的准备工作。电机带动油泵工作，油罐中的油

图 7-32　电脑加油机

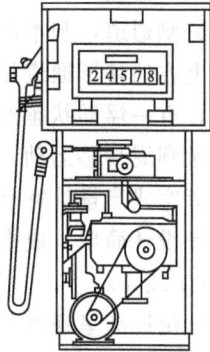

图 7-33　电脑加油机结构示意

在大气压力作用下，从单向阀经过油管到达加油机的挠性管，再经过油气分离器中的油滤进入油泵。油泵将油压提高后，使油进入油气分离器的高压腔，被分离出来的气体从排气管排出。具有一定压力的单向油液通过弯管进入测量变换器，并驱使其活塞作往复运动。活塞每完成一个循环，流量传感器内流过一定体积的油，同时其传动轴转动一周。测量变换器传动轴连接有脉冲发生器，根据传动轴所转的圈数，向主机箱中的计算机发出每圈 75 个脉冲。计算机根据脉冲个数及拨码盘上预先给定的脉冲当量计算出所付油量，送到双面液晶显示器上显示，同时将总量送入电磁总量计数器。

如果是定值加油，计算机将判别所加出的油量是否达到定值数。所加油量与定值数相同时，即发出停止电机转动的信号。油经过流量传感后，经由管道进入到视油器及油枪，最后将油送到受油容器中。注油完毕，液晶显示器显示出售油的体积量。将油枪放回原处，关闭电机开关，电机停止工作，小液晶显示器根据事先置入的油品单价显示出对应于所付油量的金额，完成一个工作循环。

三、加油机所用流量计结构与工作原理

加油机中最常见的测量变换器有活塞式、旋转活塞式、双转子式及涡轮等。

1. 往复活塞式流量计

（1）工作原理

结构特征：以汽缸为计量室，活塞为运动元件，活塞在汽缸中可以作往复运动。

工作原理：在流体压力作用下，流体由流入口经换向阀进入汽缸，推动活塞前进，流体充入汽缸，与此同时，在活塞另一侧的流体则从流出口流出；当活塞移动到汽缸一端的规定位置时，汽缸内在活塞的一侧流体充满汽缸，另一侧的流体全部流出，转换信号发生机构动作，换向阀旋转，原充满汽缸的流体开始流出，汽缸的另一端开始充入流体，至汽缸另一端的规定位置时，换向阀再次旋转。

活塞在汽缸内如此进行往复运动。因为活塞一次往复运动排出流体的体积量是一定的，所以只要测量出往复运动的次数，就能求得流过的体积量。

（2）结构

往复活塞式流量计，从活塞上可分为金属刚性的硬活塞和皮碗式软活塞两种形式。

流量计的壳体一般为铸铁件。下端为进油口，中间为一方柱形空腔。水平位置有互相垂直的四个油缸，缸内压入铜合金缸套。四缸内各有一个活塞，同一轴线上的活塞各用一连杆相连。连杆中间有一圆柱销，上下两个连杆的圆柱销分别插入连接块的两孔中，活塞中部有

一环状槽，活塞缸的侧面有两个窗口，上部有一个窗口。自上向下俯视，沿顺时针方向，每个油缸均有一缸侧通道，与本油缸的缸顶相通，另一端与相邻油缸的缸侧窗口相通。缸内上方窗口单壳体上方的环形通道相连，环形通道与出油用的出口弯头相接。上连杆的上方，在四个活塞之间，有一浮动状态的胶水轮，轴的轴心有一销子插入与传动轴相连的曲柄孔内，工作时胶木轮做圆周平移运动，因而带动传动轴转动。

（3）往复活塞式流量计特点

这种流量计设计简单，成本低，体积小，计量准确度较高，为±0.1%～±0.2%，量程比较大，为5:1或10:1。但是零部件加工要求较高，材质要求也高。运行一段时间后，活塞磨损造成计量逐渐呈现正差特性。

2. 旋转活塞式流量计

旋转活塞式流量计也称环形活塞式或摆动活塞式流量计。

（1）特点与主要技术参数

旋转活塞式流量计是一种容积式流量计。当该种流量计装有 LPJ-22 型干簧管电脉冲转换器时，可与 XSF-04 型流量积算仪配套使用，进行流量的远距离积算；当流量计装有 LPJ-12 型光电式电脉冲转换器时，可与 XSF-03 型流量积算仪配套使用。此时不仅能进行流量的远距离积算，并且有 0～10mA 或 4～20mA 直流标准电流信号，可供与其他指示、记录仪表或调节器配套。

该种流量计具有结构简单、工作可靠、测量范围大（10:1）、测量精度高、不受黏度影响、可带电远传等优点。缺点是由于仪表测量部分的主要构件不耐腐蚀，因此仪表仅能测量无腐蚀性的介质。

（2）结构与工作原理

由壳体、计量室、旋转活塞、偏心轮、连接磁钢、齿轮机构、计数机构和转数输出轴等零部件组成。

液体由壳体的入口进入计量室，驱动旋转活塞转动。旋转活塞的转动通过拨叉、连接磁钢传输到齿轮机构进行器差修正，再传到计数机构进行流量积算。另外，通过锥形齿轮传到转数输出轴，以便在需要电信号输出时在连接接头处装上电脉冲转换器。

3. 双转子流量计

（1）特点

双转子流量计是一种新式容积式流量计，其通径从 40～400mm，规格型号比较齐全。其主要特点如下。

① 一对设计独特的平衡转子，具有高的计量精度，适用多种液体。

② 工作时两转子之间及转子和计量箱之间无接触，因此噪声小，无脉动，寿命长。

③ 流量较大，运转平稳，黏度适应性强，因此广泛应用于石油、化工、轻工、交通、商业等部门，尤其适用于原油、成品油及轻烃等油品的计量。

④ 复合壳体，其计量精度不受液压变化及安装条件的影响，尤其是不受环境温度的影响。另外，在管道上可以直接维修。

（2）结构

双转子流量计的基本结构是由计量箱、转子、壳体、调节器、计数器、发信器以及自动压力润滑系统等几部分组成。如图 7-34 所示。

双转子流量计计量部分主要由计量箱（或称测量室）和装在箱内的一对设计独特的螺旋

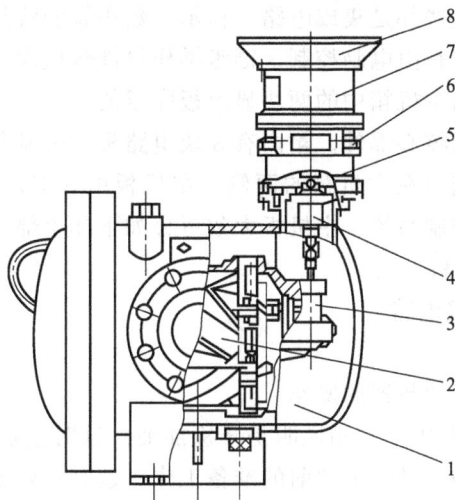

图 7-34 双转子流量计结构

1—壳体；2—计量箱；3—变速换向组件；4—联轴器；5—调速器；

6—外部调节器；7—发信器；8—E 型计数器

转子组成。

转子的结构又分为两种形式：一种为横向结构（又称标准结构）；另一种为轴向结构。

两个转子并非互相啮合而彼此推动旋转，而是由安装于两个转子轴上的齿轮的啮合转动使转子之间始终保持适当间隙，以确保转子能平稳地同步转动。

双转子与计量箱组成若干个已知体积的空腔，作为流量计量单位。互不接触的螺旋转子由同步齿轮保持适当的位置关系，靠流量计进出口处的微压差推动而旋转，并不断地将进口的液体经空腔计量后送到出口。经密封联轴器及传动系统将螺旋转子的转数传递给计数机构，直接指示出流经流量计的液体总量。

发信器，配以电子显示仪表，可指示流经流量计液体的总量和瞬时量，从而实现各种自动化装置的控制。

在流量计指示机构的传动齿轮输出轴上连接一个误差调整器，它像一个齿轮变换器，十分方便地对流量计的误差进行调整。精度调整采用差动原理，不需要更换齿轮系统就可以改变传动系统的传动比。

4. 流量计计数器和指示装置

计数器及指示装置是流量计组成的一部分，是流量计的二次元件。计数器是按由测量变换器输出的信号转变成的数字信号进行计数的，有的也可将计数结果储存在存储器中，以调用。指示装置是用来连续显示计数器的计数结果，因此计数器和指示装置在加油机中是密不可分的。

目前，常用的计数器有两类：一类是机械计数器，用字轮排列显示计数的结果；另一种是电子（或电脑）计数器。由于机械计数器基本已经被淘汰，现在主要使用的就是电子式的计数器。

（1）电子（或电脑）型计数器

电子型计数指示装置是指计数、显示都用电子线路实现。包括输入电路、清零电路、计数译码电路和计数电路，这些都是集成电路。指示有数码管和液晶显示两种。

电脑型计数、指示装置是由电脑控制、键盘操作等部分组成。由两个液晶显示器分别显示加油量、累积量。这是由主机箱中的两块显示板完成的。

主机箱是电脑加油机的核心部件。箱内有 3 块电路板，分别是主机板、I 号显示板和 H 号显示板。两块显示板分别装在主机箱的两侧。主机板由 80C31 单片微控制器与外围的各功能芯片组成一个微电脑控制系统。主机板大致可分如下几个部分：

① 复位与掉电保护电路；

② 80C31 与存储器连接电路；

③ 输入输出接口电路。

（2）电子（或电脑）型计数器的操作

把开关打到"ON"的位置上，则说明是开机加油。这时主机板向外发出一个启动电机运行的信号，对显示器清零，做好加油前的准备工作。这时只要提起油枪的手柄开关，加油过程即行开始。来自油泵出口的高压油，经流量传感器加到受油器中。流量传感器传动轴将转动信号送给脉冲发生器，脉冲发生器再将转动信号变成电脉冲信号。CPU 每接收到一个脉冲，立即用中断方式对其进行处理，将脉冲当量加至当次计量的缓冲存储器中，同时将脉冲当量加到存放累计数的单元中。如果在升的位置上有进位，则向电磁计数器发一个脉冲信号，使电磁计数器加 1。如此反复，直到启动电机开关处于"OFF"位置，CPU 发出一个停止电机转动的信号。同时，按照预先输入的单价，计算出本次加油的付费金额，送到小液晶显示器上显示。如果在开机加油之前按过键盘上数字键，则说明是定量加油。那么，在对脉冲发生器来的信号进行处理的同时，判定所加出的油量是否到定值数。如果达到定值，就给出停机信号。这就完成了一个加油过程。

四、附加设备

燃油加油机的附加设备包括油泵、油气分离器、过滤器、油枪和视油器。这些附加设备是燃油加油机正常运转和准确计量不可缺少的部分。

1. 油泵

油泵是燃油加油机的动力部分，国内外常用的形式有齿轮泵和叶片泵。

2. 油气分离器

油气分离器是加油机重要组成部件之一。

加油机的构成和安装应确保加油机在正常加油过程中，在流量计的上游既无空气的吸入，也不产生分解气体。流经加油机的流量计时，应当是单一的油品，不允许含有空气或气体。如果在流量计的上游不能保证无空气或气体的吸入，则应在流量计的上游安装一台消气器，以消除包容在液体中的空气或气泡。

国际法制计量组织（OIML）在国际建议标准 R117（非水液体测量装置）中指出：油气分离器应能适应各种供液条件。并建议空气或气体对测量结果的影响为：对非饮用水和黏度低于 $1mPa \cdot s$ 的液体不应超过被测量的 0.5%；对饮用液体和黏度高于 $1mPa \cdot s$ 的液体，不应超过被测量的 1%。

（1）安装油气分离器的条件

① 泵流。就是用泵作动力源向加油机供油。当泵的入口压力有可能甚至只是一瞬间降低至低于大气压或液体的饱和蒸气压时，必须安装油气分离器。

当泵的入口压力始终高于大气压力和液体的饱和蒸气压，而且在任何使用情况下不会有大于最小被测量1%的气体影响量进入流量计上游管道时，可以不安装油气分离器。

当泵的入口压力始终高于大气压和液体的饱和蒸气压，但产生的气泡可能有大于最小被测量1%的影响量时，就要求安装油气分离器。

油气分离器应安装在泵的下游和流量计的上游，也可以与泵结合构成一体。

如果油气分离器的安装位置低于流量计，如有可能应配备一台带限压装置的逆止阀，以防止油气分离器和流量计之间的管段放空。

② 非泵流：当流量计有储罐位差时，利用重力供油的液体流动称之为非泵流。这种情况下，如果流量计上游管段及流量计自身液体的压力高于液体的饱和蒸气压或测量条件下的大气压，有必要安装油气分离器。但应在流量计下游提供一个必要的背压，以确保加油机系统处于满管状态。

如果液体的压力有可能低于大气压，而保持高于液体的饱和蒸气压，则应配置适当的设备以防止空气进入流量计。

总之，在任何工况条件下，流量计上游液体的压力应高于液体的饱和蒸气压，确保进入流量计的液体是单相油液。

（2）油气分离器的结构

油气分离器分为单浮子式和双浮子式两种。

3. 油枪

油枪是加油机油路系统的终端，是向受油容器注油的工具。因此，要求油枪具有良好的密封性能，操作灵活、方便，供油量稳定、可调，压力损失小，并且使用安全可靠。

油枪一般与加油机配套使用。根据加油机规格不同，油枪的规格也不同。常用的有最大流量60L/min和90L/min两种规格。对于60L/min加油机使用的油枪，其出口通径为19mm。

油枪根据其结构特点，分为普通型和自动关闭型两种。自动关闭油枪又称自封油枪。自封油枪是在普通油枪上增加了一个防止油液溢出油箱而设计的一种自我保护的设施。当油液注满受油容器时，油枪会自动关闭，停止发油。

但这种油枪由于压力损失比普通油枪大，在相同规格的情况下，其流通能力小于普通油枪。

（1）普通油枪

普通油枪主要由枪体、主阀、副阀、开关手柄、油枪嘴等组成。如图7-35所示。

主阀由主阀座、主阀弹簧、弹簧座螺帽组成。

当提起开关手柄13时，开关手柄抬起阀门开关顶杆11，推动阀芯组件，克服弹簧和油压构成的阻力，打开主阀，输油软管中的高压油就通过主阀进入主阀后面的腔里。

主阀的功能是开启和关闭油枪和油路。

在主阀的阀芯组件中有一个调节螺钉，通过螺钉可以改变阀芯与顶杆之间的间距。一般在不加油的情况下，开关手柄与顶杆之间应有一个微小的活动间隙，以0.3～0.5mm为宜。调整后应用锁紧垫圈压紧防止调节螺钉松脱。

副阀由副阀座6、副阀压盖7、副阀导杆8和弹簧9组成。当主阀未打开之前，副阀芯在弹簧的作用下压向主阀，使主阀与副阀之间的油液不致外溢。当主阀打开时，由于两阀之间充满了高压油液，副阀芯在油压的推动下克服弹簧的阻力打开阀门，向受油容器供油。

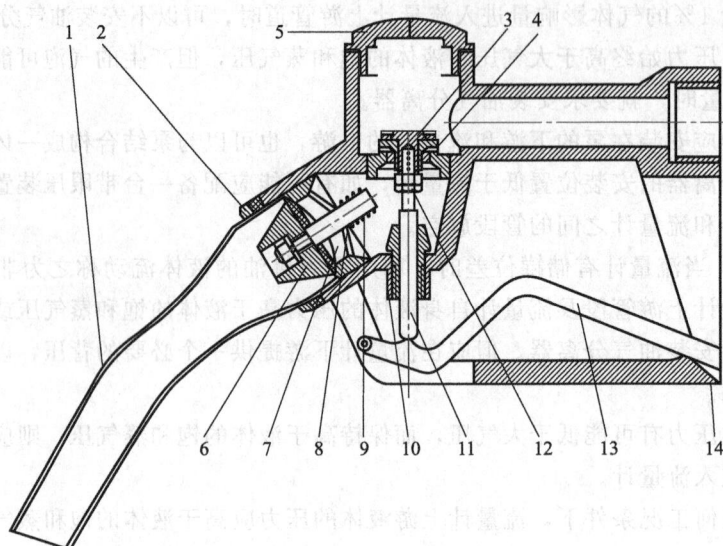

图 7-35　普通油枪结构示意

1—油枪嘴；2—紧缩螺帽；3—主阀座；4—主阀弹簧；5—弹簧座螺帽；6—副阀座；7—副阀压盖；8—副阀导杆；
9—弹簧；10—密封压帽；11—阀门开关顶杆；12—调节螺母；13—开关手柄；14—枪体

开关手柄和主阀顶杆用来操作阀门开启和关闭。当开关手柄抬起时，开关手柄通过主阀顶杆把主阀打开；当开关手柄放下时，主阀中的弹簧就将主阀顶杆送回，关闭主阀。另外，开关手柄和顶杆还有调节流量大小的作用。开关手柄抬起越高，阀门开启的程度越大，流通能力就越大。

（2）自封油枪

自封油枪是一种具有自动关闭功能的油枪，当油液注满受油容器时，油枪阀门可自动关闭停止供油。这种油枪使用起来更方便，不会因一时疏忽使油液溢出受油容器，增加了安全性。

自封油枪是在普通油枪的基础上增加了一套自封系统，如图 7-36 所示。自封油枪主要由油枪体 1、主阀 7、副阀芯 20、开关膜 9、自封杆 10、油枪嘴 17 等组成。

自封油枪的主阀与普通油枪相同，而副阀与普通油枪有较大的区别。在副阀座 12 的周围设有 4 个小孔，通过枪体上的斜孔与开关膜 9 上腔相通；在转接套 13 上有一个斜孔，通过进气管 15、进气嘴 14 与外界相通。该斜孔径枪体上的斜孔与开关膜上腔相通，开关膜下腔通过枪体与自控杆 21 之间的间隙与外界相通。

另外，在自控杆上端的 3 个孔内装有 3 个钢球，抬起开关把 24，3 个钢球靠枪体上的斜面将自封杆 10 卡住。一旦自封杆向上移动，钢球即向自封杆中心收拢，使自控杆向下移动，这时开关把失去支点而将主阀 7 关闭。

有的自封油枪为便于控制加油时的流量大小，在开关把上设有挡片，借助限位板可将开关把置于 3 个不同挡位上，即油枪有 3 个不同的流量。

供油时，主阀开启，压力油液进入枪体内主副阀间的空腔，并克服弹簧力推开副阀，经油枪嘴排出。由于液流的空吸作用，开关膜上腔压力降低，但因油枪嘴前端的进气嘴与外界相通，开关膜上腔与下腔的压力相等，开关膜处于平衡位置。

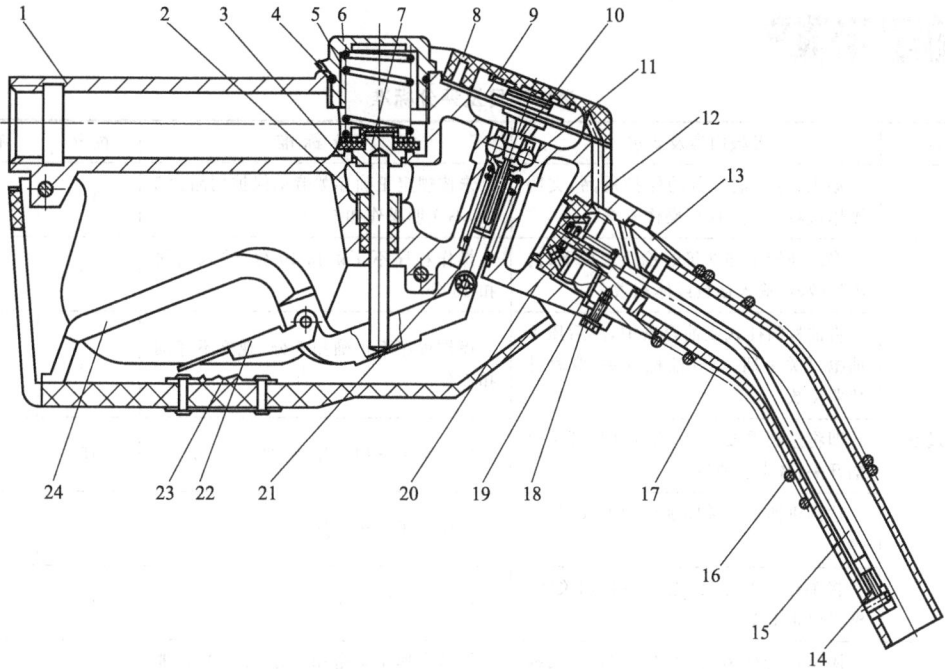

图 7-36　自封油枪

1—油枪体；2—压母；3—顶杆；4,18—"O"形密封圈；5,16,19—弹簧；6—压盖；7—主阀；8—上盖；
9—开关膜；10—自封杆；11—钢球；12—副阀座；13—转接套；14—进气嘴；15—进气管；
17—油枪嘴；20—副阀芯；21—自控杆；22—挡片；23—限位板；24—开关把

当油液淹没进气嘴时，开关膜上腔与外界大气隔绝，形成负压；而开关膜的下腔仍保持大气压，因而在开关膜的上、下腔之间形成差压。当这一差压增加到一定值时，开关膜就失去平衡，该膜和自封杆就向上移动，而自控杆在开关把的拉力下向下移动，钢球被挤落到自控杆孔内，开关把因失去支点而向下移动，主阀就被关闭，供油停止。

4. 输油软管

输油软管是加油机重要组成部件之一，设置在加油机壳体外侧、视油器和加油枪之间。这主要是为了便于向机动车等受油容器注油。

输油软管的长度一般为 3m，对于悬挂式加油机，一般软管比较长。

输油软管是用耐油橡胶制成的，软管的材质和制造工艺应符合有关规范的规定。加油机上使用的软管一般应有内胶层、织物增强层、导静电金属线和外胶层等。为了防止外胶层的磨损，有的还在软管外装有橡胶护套等。

软管中的织物增强层是用以增加软管的强度，使软管在加油机的工作压力下由膨胀引起的软管内的容积变化符合国家规程的要求。

软管中的导静电金属线是为了释放聚集在油枪上的静电而设置的。当油液高速通过油枪管时会产生大量静电，胶管本身是良好的绝缘体，需要通过导电金属线将油枪上所聚集的电引至加油机的壳体，再经加油机的良好接地安全引入地下。因此，在安装和检查加油机性能时，一定要注意软管与油枪和视油器连接处导电金属线是否接通，以保证加油机使用的安全性。

【考核评价】

考核项目及评分标准

项目	考核内容及要求	评 分 标 准	配分	得分
准备	穿工作服,戴好劳动保护用品,文明操作,遵守秩序,保证操作安全	未按规定正确穿戴劳动保护用品扣5分,不文明操作扣5分	10	
操作过程	将加油枪从加油机的枪座上取下,清零计数器,输入钱数或体积数	操作程序不正确扣10分,输入错误扣10分	20	
	将油枪嘴插入受油容器中,然后压下油枪开关手柄,打开油枪开关,观察计数器读数	操作程序不正确扣5分,观察不仔细扣5分	15	
	即将达到需要量时,松开油枪开关手柄开关,减小供油量	操作不正确扣5分,溢油扣10分	15	
	达到供油量时关闭加油枪开关,加油停止	操作不正确扣5分	15	
	将油枪放回原处,电机便自动关闭,整机停止工作	操作不正确扣5分	15	
团队协作	团队的合作紧密,配合流畅,个人操作能力较好	团队合作不紧密扣5分,个人操作能力差扣5分	10	
考核结果				
组长签字				
实训教师签字并评价				

[习　　题]

1. 简述加油机的结构原理。
2. 简述操作加油机的方法。

切换工艺流程

【情境描述】

通过本单元的学习，熟悉工艺流程的识图和初步的绘图知识，熟悉工艺流程的切换和操作，能够操作和维护阀门。

任务一 操作维护阀门

【教学任务书】

情境名称	切换工艺流程		
任务名称	操作维护阀门		
任务描述	认识阀门的结构和原理,对阀门进行维护和操作		
任务载体	闸阀、球阀、截止阀等阀门		
学习目标	能 力 目 标	知 识 目 标	素 质 目 标
	1. 能够操作各类阀门 2. 能够维护各类阀门	认识各种阀门的结构原理	1. 能团结协作,体现团队意识 2. 培养学生安全意识 3. 培养学生归纳、总结、自我学习的意识
对学生要求	1. 明确任务 2. 熟悉各种阀门的原理和结构 3. 能够操作和维护各类阀门 4. 制定出任务实施的初步方案		

【任务实施】

一、阀门操作要求

① 手动开闭阀门时，用力要均匀，同时阀门开闭的速度不能过快，以免产生压力冲击损坏管件。

② 手动阀门的开启方向为逆时针转动手轮，关闭则与之相反，顺时针转动手轮。

③ 楔式闸阀在开启过程中阀门杆应随着阀门的开启不断上升，反之关闭时阀杆应随着阀门的关闭不断下降，如发现开闭不动、手轮空转等异常情况应立即停止操作。

④ 平板闸阀、球阀在开启过程中刻度盘的开度指示应随着阀门的开启不断扩大直到开启度为100%为止，在关闭过程中刻度盘的指示应随着阀门的关闭不断指向"0"位，直到指针回"0"为止。如发现开启不动、手轮空转等异常情况应立即停止操作。

⑤ 蝶阀在开启时应逆时针转动手轮直到刻度指针指向刻度盘上的"OPEN"，关闭时则应顺时针转动手轮直到刻度指针指向刻度盘上的"CLOSE"，如发现开闭不动、手轮空转等异常情况应立即停止操作。

⑥ 闸阀在开启到位后，要回转半扣，使螺纹更好密合，以免拧得过紧，损坏阀件或在温度变化时把闸板楔紧。

⑦ 球阀在操作中只能全开或全闭，不允许节流。

⑧ 闸阀除了进行抽残油作业外，在操作中只能全开或全闭，不允许节流。

⑨ 作业过程中操作人员应随时检查阀体及其与管线连接部位有无渗漏，如发现问题应及时处理。

二、阀门维护保养

① 阀门应存放在干燥通风的室内，通路两端须堵塞。

② 长期存放的阀门应定期检查，清除污物，并在加工面上涂防锈油。

③ 安装后，应定期进行检查，主要检查项目如下。

a. 密封面磨损情况。

b. 阀杆和阀杆螺母的梯形螺纹磨损情况。

c. 填料是否过时失效，如有损坏应及时更换。

d. 阀门检修装配后，应进行密封性能试验。

三、安装与使用

① 根据阀门的用途选定阀门的基本结构。

② 根据介质的压力、温度、腐蚀性、是否含颗粒杂物等选定阀门的材质。

③ 根据阀门的操作要求选定阀门的驱动装置。

④ 阀门安装前必须核对阀门上的标志、合格证是否符合使用要求。

⑤ 检查阀门的内腔和密封面，不允许有污物附着。

⑥ 检查连接螺栓是否均匀拧紧。

⑦ 检查填料是否压紧，应保证填料的密封性，但不妨碍阀杆的升降。

⑧ 阀门应根据使用要求进行安装，但须注意检修和操作时的方便。

⑨ 阀门使用时应经常在转动部分注油，在阀杆梯形螺纹部分涂油。

⑩ 手动阀门，在开启或关闭操作时，应使用手轮开、关，不得借助辅助杠杆或其他工具。

⑪ 阀门使用后应定期检查，检查密封面、阀杆等有无磨损以及垫片、填料。若损坏失效，应及时修理或更换。

【必备知识】

一、闸阀

闸阀的阀体内有一平板与介质流动方向垂直，平板升起时阀即开启，该种阀门由于阀杆的机构形式不同可分为明杆式和暗杆式两类。一般情况下明杆式适用于腐蚀性介质及室内管道上，暗杆式适用于非腐蚀性介质及安装操作位置受限制的地方。明杆闸阀开闭明显，减少了跑油、混油的可能性。安装暗杆闸阀时，应明确规定开闭标记，以防误操作。根据阀芯的结构形式闸阀可分为楔式、平行式和弹性闸板。一般楔式大多制造成单闸板，平行式闸阀两密封面是平行的，大多制造成双闸板，从结构上讲平行式比楔式闸阀易制造、好修理、不易变形，但不适用于输送含有杂质的介质，只能用于输送一般的清水。弹性闸板是一整块的，由于密封面制造、研磨要求较高，适用在较高温度下，多用于黏性较大的介质，在石油、化工行业应用较多。如图 8-1～图 8-3 所示。

图 8-1 闸阀

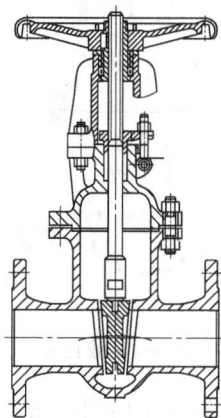

图 8-2 闸阀结构

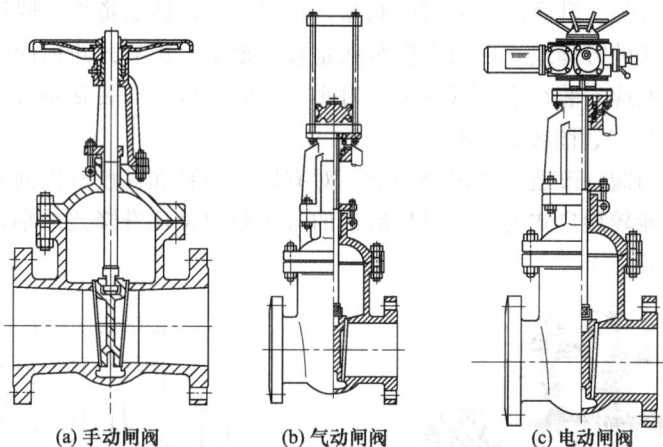

(a) 手动闸阀   (b) 气动闸阀   (c) 电动闸阀

图 8-3 各种闸阀的结构

选用特点：闸阀密封性能较好，流体阻力小，开启、关闭力较小，应用比较广泛，闸阀也具有一定的调节流量性能，并可以从阀杆的升降高度看出阀的开度大小。闸阀一般适用于大口径的管道上，但该种阀结构比较复杂，外形尺寸较大，密封面易磨损，目前正在不断改进中。闸阀主要用作切断用，不作节流用。

二、截止阀

截止阀是利用装在阀杆下面的阀盘与阀体的凸缘部分相配合来控制阀的启闭。如图 8-4、8-5 所示。

选用特点：阀的结构较闸阀简单，制造、维修方便，截止阀可以调节流量，应用广泛，但流体流动阻力较大，为防止堵塞或磨损，不适用于流通带颗粒和黏度较大的介质。常用于小口径的输油管道或水管、蒸汽管道上全开或全闭，一般不用来调节或节流用。截止阀按通道方向分为三类：直通式、直流式和角式。

图 8-4 截止阀

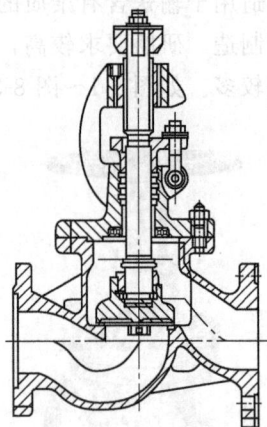

图 8-5 截止阀结构

三、止回阀（单向阀、逆止阀）

止回阀是一种自动开闭的阀门，在阀体内有一阀盘或摇板，当介质顺流时，阀盘或摇板即升起打开，当介质倒流时，阀盘或摇板即自动关闭，故称为止回阀。由于结构不同又分为升降式和旋启式两大类。升降式止回阀的阀盘，是垂直于阀体通道作升降运动，一般应安装在水平管道上。立式的升降式止回阀应安装在垂直管道上。旋启式止回阀的摇板是围绕密封面作旋转运动，一般应安装在水平管道上，对小口径管道也可安装在垂直管道上（要注意水击不能太大）。如图 8-6、图 8-7 所示。

选用特点：止回阀一般适用于清净介质，对有固体颗粒和黏度较大的介质不适用。升降式止回阀的密封性能较旋启式为好，但旋启式的流体阻力又比升降式的小，一般旋启式的止回阀多用于大口径管道上。

图 8-6 止回阀

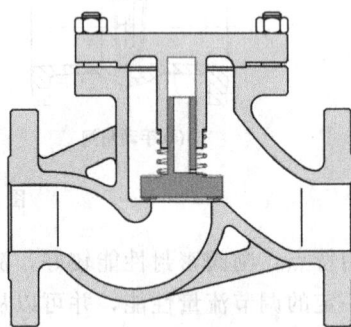

图 8-7 止回阀结构原理

四、球阀

球阀是利用一个中间开孔的球体作阀芯，靠旋转球体来控制阀的开启和关闭，该阀也和旋塞阀一样作成直通、三通或四通的，是近几年使用较多的阀型之一。如图 8-8、图 8-9 所示。

选用特点：球阀结构简单，体积小，零件少，重量轻，开关迅速，操作方便，流体阻力小，制作精度要求高，但由于密封结构及材料的限制，目前生产的阀不宜用在高温介质中，按其结构形式基本上分为浮动球阀和固定球阀两类。球阀在管道中做全开或全关用，可安装在管道的任何位置，靠旋转手柄来达到开闭。

图 8-8　球阀

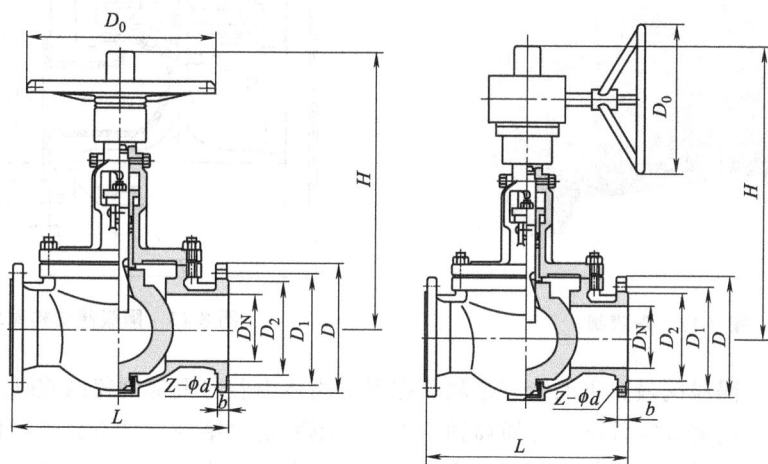

图 8-9　球阀结构原理

五、旋塞阀

旋塞阀是利用阀件内所插的中央穿孔的锥形栓塞控制启闭。由于密封面的形式不同，又分为填料旋塞阀、油密封式旋塞阀和无填料旋塞阀。如图 8-10、图 8-11 所示。

图 8-10　旋塞阀

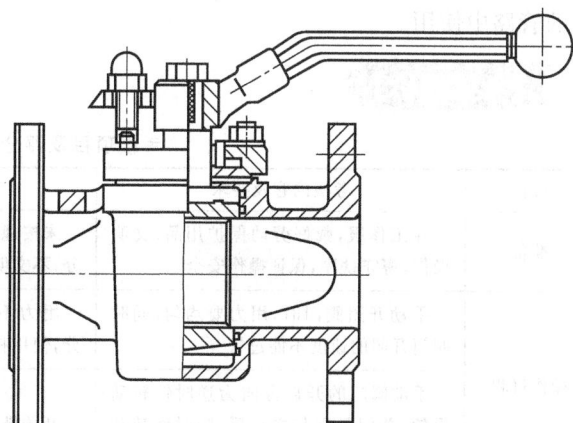

图 8-11　旋塞阀结构原理

选用特点：结构简单，外形尺寸小，启闭迅速，操作方便，流体阻力小，便于制作成三通路或四通路阀门，可作为分配换向用。但密封面易磨损，开关力较大，易卡死，该种阀门不适用于输送高温、高压介质（如蒸汽），适用于一般低温、低压流体，作启闭用，不宜作调节流量用。适用于一般放水、放气、灌油、液面指示器等处。

六、隔膜阀

隔膜阀是一种特殊形式的截断阀，出现于20世纪20年代。它的启闭件是一块用软质材料制成的隔膜，把阀体内腔与阀盖内腔及驱动部件隔开，故称隔膜阀。如图8-12、图8-13所示。

图8-12　隔膜阀

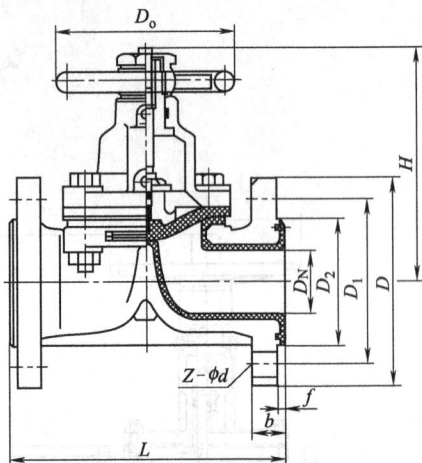

图8-13　隔膜阀结构原理

选用特点：隔膜阀最突出的特点是隔膜把下部阀体内腔与上部阀盖内腔隔开，使位于隔膜上方的阀杆、阀瓣等零件不受介质腐蚀，省去了填料密封结构，且不会产生介质外漏。采用橡胶或塑料等软质密封制作的隔膜，密封性较好。由于隔膜为易损件，应视介质特性而定期更换。受隔膜材料限制，隔膜阀适用于低压和温度相对不高的场合。隔膜阀按结构形式可分为：屋式、直流式、截止式、直通式、闸板式和直角式六种；连接形式通常为法兰连接；按驱动方式可分为手动、电动和气动三种，其中气动驱动又分为常开式、常闭式和往复式三种。一般不宜用于温度高于60℃及输送有机溶剂和强氧化介质的管路中，也不宜在较高压力的管路中使用。

【考核评价】

考核项目及评分标准

项目	考核内容及要求	评分标准	配分	得分
准备	穿工作服，戴好劳动保护用品，文明操作，遵守秩序，保证操作安全	未按规定正确穿戴劳动保护用品扣5分，不文明操作扣5分	10	
操作过程	手动开闭阀门时，用力要均匀，同时阀门开闭的速度不能过快	用力不均匀扣5分，速度过快扣8分，使用杠杆等装置扣7分	20	
	手动阀门的开启方向为逆时针转动手轮，关闭是则与之相反，顺时针转动手轮	开关转动方向错误扣10分	15	

续表

项目	考核内容及要求	评分标准	配分	得分
操作过程	阀门在操作时一般为全开或全关,不能做节流使用	操作不正确扣8分	15	
	检查密封面磨损情况	操作不正确扣8分	15	
	检查填料是否过时失效,对失效填料进行更换	阀门填料更换方法正确,造成阀门开启过紧扣 5 分,造成填料处渗漏扣 10 分	15	
团队协作	团队的合作紧密,配合流畅,个人操作能力较好	团队合作不紧密扣 5 分,个人操作能力差扣 5 分	10	
考核结果				
组长签字				
实训教师签字并评价				

[习　　题]

1. 闸阀的结构原理是什么?
2. 球阀的结构原理是什么?
3. 旋塞阀的结构原理是什么?
4. 阀门的使用和日常维护如何进行?

任务二　工艺流程的切换

【教学任务书】

情境名称	切换工艺流程		
任务名称	工艺流程的切换		
任务描述	认识工艺流程图,对实际的工艺能进行工艺流程切换		
任务载体	工艺流程图、工艺管线、模拟软件		
学习目标	能力目标	知识目标	素质目标
	1. 能对工艺流程进行操作和工艺流程切换 2. 能够在计算机模拟软件上进行工艺流程的切换	1. 认识工艺流程图 2. 工艺流程图的初步绘图知识	1. 能团结协作,体现团队意识 2. 培养学生的经济意识、安全意识
对学生要求	1. 明确任务 2. 熟悉工艺流程图 3. 能对实际的工艺流程和模拟工艺流程进行操作和工艺切换 4. 制定出任务实施的初步方案		

【任务实施】

一、输油首站工艺流程

首站的操作包括接受来油、计量、站内循环或倒罐、正确、向来油处反输、加热、收发清管器等操作，流程较复杂。首站工艺流程可以完成如下操作：

① 正输流程；

② 反输流程；

③ 发球流程。

二、中间站工艺流程

中间站工艺流程随输油方式（密闭输送、旁接油罐）、输送泵类型（串联泵、并联泵）、加热方式（直接、间接加热）而不同。

中间站工艺流程可以进行如下操作：

① 正输流程；

② 正输压力越站流程；

③ 正输热力越站流程；

④ 正输全越站流程；

⑤ 收球流程；

⑥ 发球流程；

⑦ 反输流程。

三、末站工艺流程

末站往往是炼厂油库，或是转运油库，或两者兼有。如果是水陆转运油库，流程就比较复杂。但对于炼厂油库，则流程就比较简单。末站输油有这样的特点：一是收油和发油要计量，所以要设有计量装置。二是作为管线的终点，要有一定的储油能力，因此，要设有足够容量的储油罐。

末站一般设有四种流程：收油、发油（包括装车、装船及管线转输）、倒罐、收发清管器。正常生产时采用收油和发油流程，并要进行计量，倒罐流程是在站内活动管线等情况下采用，而收发清管器流程则是在清管时才采用。

四、输油工艺流程操作原则

① 长输管道工艺流程的操作与切换，由调度统一指挥。非特殊紧急情况（如已经发生火灾、炸管、凝管等重大事故），未经调度人员同意，不得擅自改变操作。

流程切换前公司（处）输油调度必须通知全线各站调度，各站调度再通知到有关岗位，各岗位做好切换流程准备工作并确定无误之后方可进行。

② 一切流程操作均应遵守"先开后关"的原则，即确认新流程已经导通过油后，方可切断原流程（泵到泵流程应遵照其具体规定）。要做到听、看、摸、闻"四到"。

③ 具有高、低压衔接部位的流程，操作时必须先导通低压部位，后导通高压部位。反之，先切断高压，后切断低压。

④ 倒流程操作开关阀门时，必须缓开缓关，以防发生"水击现象"损坏管道或设备。在向无压或从未升过压的管段升压时，更应缓慢开阀门，至压力平衡后，方可正常开大。对于两端压差较大的闸板阀，可用阀体上的旁通阀调压。风动阀、液压球阀和平板阀操作时，必须全开或全关。手动阀开完后，要将手轮倒回半圈至一圈。

⑤ 流程切换，不得造成本站或下站加热炉突然停流。如果涉及进炉油量减少或停流时，必须在加热炉压火或停炉后方可切换。具体要求如下。

a. 正常流程切换时，应考虑到可能发生的流量变化，加热炉需提前压火，反正流程切换时，待炉膛温度降到工艺规程规定参数时，方可进行。

b. 正常倒全越站流程时，加热炉应提前停炉，待炉膛温度降到100℃后进行。紧急状况下倒全越站流程时，紧急停炉后不准关进、出炉阀门（包括炉预热的燃料油管线阀门），同时略开进罐阀，导通进罐流程。

c. 事故停炉如必须关进、出炉阀门时应先打开紧急放空阀门，避免炉管内死油受热膨胀引起爆管或结焦。

d. 在改为站内循环流程前，加热炉应及时压火或停炉，防止油温超过油罐允许温度。

e. 正反输流程交替运行时，加热炉应提前压火或停炉，防止进炉温度高，造成出炉油温超高。

f. 加热炉停运后，在重新点炉时，要确认各个部位炉管的油流畅通后，方可点火。

⑥ 加热炉在最低通过量状态下运行时，应严格执行下列规定。

a. 出炉温度不得高于规定值（≤75℃）。

b. 火焰不得舔炉管。

c. 每小时各站调度向公司（处）输油调度汇报该炉运行情况。

⑦ 流程操作的切换，应防止管道系统压力突然升高或降低。避免造成管道超压或输油泵过载。如有较大波动时，应事先通知上、下站及本站有关岗位做好泄压准备。具体要求如下。

a. 密闭输油由正输流程倒压力越站或全越站流程前，上一站必须先将出站压力降到允许出站压力值的一半左右，以防出站压力超过管线工作压力。下一站根据进站压力相应降低排量，以防进站压力降低到最小压力造成甩泵。

b. 密闭输油时，由压力越站或全越站倒为正输流程前，上一站输油泵的运行电流，应控制在最大允许电流值的80%~85%之间。上一站运行拖泵的转数要降20~50转，下一站应相应降低机泵排量，以防中间站启泵运行前，全线运行参数调整，造成上站电机或拖泵超负荷运转以及下站进站压力降低而甩泵。

c. 对于并联旁接油罐运行方式的，在由压力越站或全越站流程倒为正输流程时，为防止泵出口高压油与上站来油顶撞发生"水锤"现象，在向下一站外输前，应先适当导通进罐流程。

d. 旁接油罐运行时，应尽可能做到输油泵排量和系统来油相平衡，由正输流程倒为压力越站或全越站流程时，下一站输油泵要及时降量，防止油罐抽空，反之，下站输油泵要及时提量防止冒罐。

e. 由其他流程倒为站内循环流程时，应先压低输油量，防止输油泵扬程下降，而流量猛增，致使造成电机过载。

f. 在发现管道突然超压时，应立即向油罐泄压，同时报告上级调度并及时查找原因。

⑧ 输油泵机组的启停，将直接影响管道系统压力的变化。切换时应提前汇报输油调度，待输油调度对上、下站做好联系，并通知后方可进行泵的切换。泵的切换程序，一般是"先启后停"。在管道系统接近最大工作压力或供电系统达到不能允许时，也可"先停后启"。不论采取哪种切换方式，都应做好启运泵和欲停泵之间的排量调节，以使出站压力不致突增

突降。

⑨ 由正输流程改反输流程时，反输首站（即正输末站）应贮备不少于一个半站距、油温应保证下站进站规定值，反输必须在上级调度的统一指挥下进行。在各站加热炉压火降温后，首站开始停泵外输，各中间泵站应按正输方向自上而下，依次改站内循环流程。末站反输开始后，再自下而上逐站改为反输流程。

由正输流程倒为全越站流程时，应先停炉再停泵。反之，由全越站流程倒为正输流程时，则应先启泵再点炉。

⑩ 在倒清管流程时，要认真做好一切准备工作，并严格遵守清管操作规程，防止清管器在管道中受阻（卡球）或丢失。

⑪ 在倒"以泵到泵"流程前，对高低压泄压阀门必须可靠地投入使用。

⑫ 对长期或一段时间内不投入运行的管道（尤其是冬季），为防止管内原油冻凝，应进行扫线或定时"活动管线"。对不能定期活动或扫线的管线要按时投用电伴热。

⑬ 凡泵站设有高压泄压阀门的应长期投用。各输油泵入口阀要保持常开。运行泵入口压力，应按《输油管道工艺操作规程》的要求，压力保持一定值。

⑭ 指示仪表必须灵活好用，指示正确，一旦失灵要及时更换，禁止在无保护无指示的情况下进行操作。

⑮ 在泵站与输油调度通信中断时，应立即打开电台，同时泵站调度要主动与上下站进行联系，维持生产。此时若上站失去联系，应严密监视罐位防止冒罐和抽空，根据本站罐位调解输油量，并严密监视进出站压力。以防进站压力过低，造成甩泵或防止下一站发生故障造成本站出站压力升高，若上下站都失去联系，则要在监视罐位的同时，严格监视本站出站压力，防止下一站发生故障，造成本站出站超压。在通信中断时，不允许启停设备或倒换流程。

⑯ 在流程倒换前，应根据具体情况编写操作方案或进行模拟操作。流程切换前必须填写操作票，在实际操作时应有专人监护。

👉【必备知识】

一、识读油田计量站工艺流程图

工艺流程图，除了图形以外还有标题栏、设备表、流程简述和管线列表标注法等内容。生产中使用的施工图，它们都在一张图纸上。本书因受图纸幅面的限制，此处将图形和其他内容分开。

首先识读标题栏和设备表，按编号的顺序，表图对照，逐一识读计量站的各设备、仪表的名称、规格型号及其在流程图上的安装位置。

其次识读工艺流程。先从主要的工艺流程开始，认识工艺流程主要设备和作用。

然后识读工艺流程线，管道工人识读工艺流程线时，重点要抓住各个设备间所连接的管线和每台设备所进出的管线数以及设备进出口处的管路系统。识读工艺流程线时要注意管线列表标注中的内容，表中的管内输送介质及其流向，有助于对工艺流程图的理解。

二、识读原油外输计量站工艺流程图

1. 工艺流程组成

原油计量站的工艺设计应满足以下几个方面要求：

① 保证所有计量仪表必须进行强制检定，持有效的检定证书；

② 保证所有计量仪表的正常运行；

③ 计量仪表发生故障时，不影响正常生产；

④ 要有扫线、伴热、放空等辅助流程，以保证仪表维修等工作正常进行。

原油计量站的工艺流程一般由三部分组成，即油量计量系统、流量检定系统和污油系统。图 8-14 是一个典型的原油外输站工艺流程图。这个流程图内包括 4 台流量计、2 台密度计、2 台含水分析仪的原油计量系统，还有 1 台标准体积管及其标定设备组成的计量检定系统，以及污油罐、污油泵、污油管线组成的污油系统。

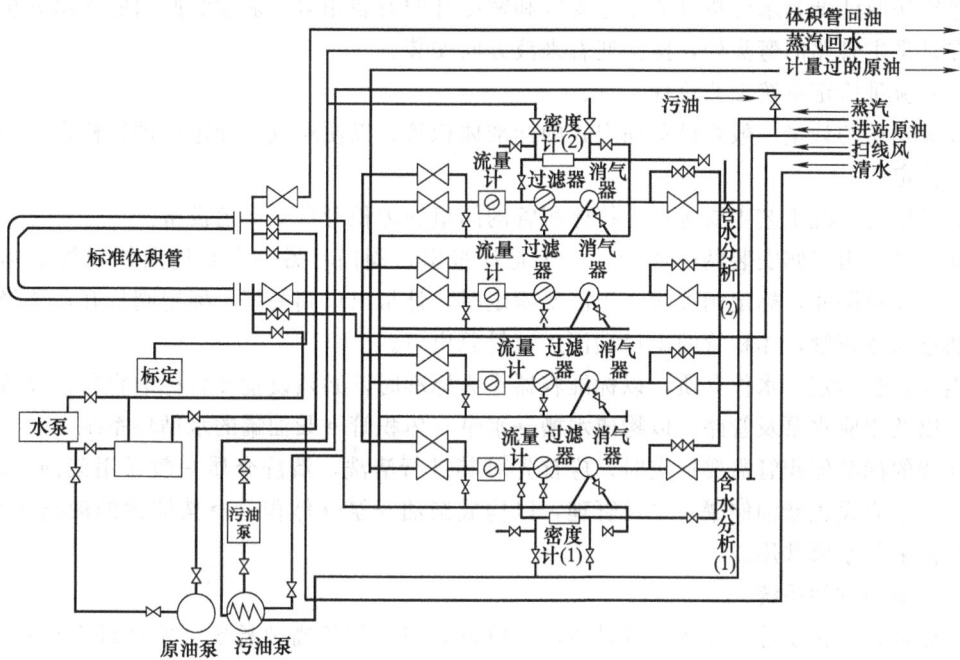

图 8-14　原油外输计量站工艺流程

原油计量的其他工艺设备还有阀门、机泵等，这些工艺设备的选用主要是根据工作压力、工作温度、介质、流量大小等条件选择确定的。

2. 工艺流程的说明

（1）油量计量的工艺流程

油量计量的工艺流程内主要包括流量计、密度计、原油含水分析仪、消气器和过滤器等辅助设备。

为保证流量计正常地运行，在流量计前面要安装过滤器，在过滤器的前后安装压力表以监视过滤器堵塞情况，以便及时清洗过滤器。

为了保证流量计的计量准确度，在流量计前需配套安装消气器，将原油沿管线流动中出现的气体在消气器中全部排除。

原油密度计通常选用振动管液体密度计。振动管液体密度计是旁接在主管路上的，一般是从流量计管线的进口阀门前接出，在过滤器的后边再回到主管路上，这样可利用过滤器前后压力差使液体进入密度计，保证密度计正常运行，同时使进入密度计的油经流量计进行计量。

振动管液体密度计应垂直安装，液体一般从下部进入，从上部流出。密度计应安装在比较牢固、免受外部振动干扰的位置上。为了使进入密度计的油温与主管路油温尽量一致，密度计旁接管路要认真严格保温。

密度计的进出口处都应安装清洗和检定用的阀门，以保证清洗和检定工作的正常进行。特别是当计量的油品容易结蜡时，在工艺上应考虑定期对密度计进行清蜡的方法。目前主要采用热水、蒸汽和热油循环等清蜡方法，这要根据现场条件选用。

目前在国内应用的在线原油低含水分析仪主要有电容法和射频法两类，前者需旁路安装，后者可插入管道式安装。

电容法原油低含水分析仪的工艺安装和密度计的安装相似。射频法原油低含水分析仪要安装在计量主管路的弯头处，探头迎着来液方向安装。

（2）流量检定系统工艺流程

较大规模的计量一般要设置固定式的标准体积管，以便对流量计定期进行检定或随时进行监督检定。

流量检定系统工艺主要包括连接体积管的阀组和体积管自身标定设备。

在流量计出口侧安装两个阀门，一个是计量出口阀门，另一个是通向体积管的标定阀门，正常计量期间，标定阀关闭，当需要检定时，计量出口阀关闭，标定阀打开，流经流量计的油进入体积管，体积管的出口端汇入流量总出口。

当体积管标定以水作介质，以标准容器作为标准时，必须设置 2 台标准容器，设置水槽储水，以及相应水泵及管路，以构成水槽→水泵→体积管→柴油罐的水循环系统。

在线的标准体积管需要标定时，应首先对其进行清洗，清洗介质一般采用柴油，因此，标定工艺中应设置柴油储罐、泵及管理，以构成柴油→泵→体积管→柴油罐的油循环系统。通常柴油泵与水泵共用。

（3）清扫排污系统

当流量计、密度计、体积管等设备需要维修，或体积管需要检定，密度计需要清蜡时，需要对管线设备进行扫线排污，因此在计量和检定工艺系统内需要设置清扫排污系统。

清扫系统一般为空气压风机及其管线构成，排污系统是连接主要排污设备和管线的排污管线，并汇集于污油罐，排污系统中应设污油油泵系统，以便污油罐满时将污油重新泵入管线内。

三、流程图的绘制

流程图按表达工程的对象和范围，可分为系统总流程图、站（场）库流程图和单体流程图等三种。按流程图的作用可分为原理流程图和工艺安装流程图两种。两种分类方法综合一起命名就构成了流程图的具体称谓，如接转站工艺安装流程图和集中处理站原理流程图等。

原理流程图又称为施工工艺流程图。原理流程图表达集输工程的原理，内容较简单，易于识读。

工艺安装流程图又称为施工工艺流程图或工艺自控流程图，一般简称为工艺流程图。工艺流程图用于工艺管道的安装，内容复杂，较难识读。一般情况下，书籍和设计说明书中的流程图多为原理流程图。施工图中的流程图多为工艺流程图，管道工人经常识读的是工艺流程图。

工艺流程图的图示要点和内容如下。

① 工艺流程图是工艺过程的原理图。它不是按投影原理画出的，也不按比例绘制。

② 在工艺流程图上，用细实线的长形方框画出各种站（场）库等，并在方框内注明其

名称和编号。

③ 在工艺流程图上，用图例画出各类设备、建（构）筑物等，并标明其名称、型号。作用相同的设备只画一个，但轮换操作的相同设备要全部画出。

④ 在工艺流程图上，用图例画出各种仪表、阀件、管配件，并标注其名称、规格。

⑤ 在工艺流程图上，要画出所有的连接管道，并用列表标注法表示出管线的编号、管内输送的介质、介质流向和管道规格等。

⑥ 在工艺流程图上，主要工艺管线用粗实线画，一般管道用中实线画，仪表引线用细实线画。

⑦ 在工艺管线和设备进、出口管线上，用单线箭头表示管内介质流向。在站（场）进、出口管线上，用双线箭头表示管内介质流向。

⑧ 表示管线的凸显，当横线与竖线交叉时，习惯上规定横线为连续线，竖线为断开线；表示管线的图线与设备、阀门、建（构）筑物交叉时，横线与竖线均为断开线。

⑨ 在工艺流程图上要列出设备表，并注明其编号、名称、型号和数量。

⑩ 在工艺流程图上应附有流程操作顺序的说明。

【考核评价】

考核项目及评分标准

项目	考核内容及要求	评 分 标 准	配分	得分
准备	穿工作服，戴好劳动保护用品，文明操作，遵守秩序，保证操作安全	未按规定正确穿戴劳动保护用品扣5分，不文明操作扣5分	10	
操作过程	在模拟软件上对输油首站进行正输流程操作，反输流程操作，发球流程操作	流程操作不正确一项扣5分	30	
	对输油中间站进行正输流程操作，正输压力越站流程操作，正输热力越站流程，正输全越站流程，收球流程操作，发球流程操作	流程操作不正确一项扣5分	30	
	对输油末站进行收球流程操作，计量流程操作，倒罐流程操作	流程操作不正确一项扣5分	20	
团队协作	团队的合作紧密，配合流畅，个人操作能力较好	团队合作不紧密扣5分，个人操作能力差扣5分	10	
考核结果				
组长签字				
实训教师签字并评价				

[习　　题]

1. 绘制工艺流程图的要点都有哪些？

2. 输油首站的主要工艺流程是什么？

3. 工艺流程切换操作的注意事项是什么？

参 考 文 献

[1] 中华人民共和国计量法. 北京：中国计量出版社，1986.

[2] 曾强鑫. 油品计量基础. 北京：中国石化出版社，2005.

[3] 中国石油化工集团公司. 销售企业计量管理制度汇编. 2000.

[4] 中国石油天然气集团公司认识服务中心. 综合计量工. 北京：石油工业出版社，2006.